# 地球の冷やし方

## ぼくたちに愉しくできること

非電化工房

# 藤村靖之

# How to Cool Down Our Earth

Yasuyuki Fujimura

JN033410

晶文社

装丁：アジール（佐藤直樹＋菊地昌隆）
カバーイラスト：佐々木啓成

# まえがき

アインシュタインはこう言ったそうだ。「ある問題を引き起こしたのと同じマインドセット（心の枠組み）のままで、その問題を解決することはできない」と。しかし、気候変動に代表される深刻な環境危機に直面してもなお僕たちは、問題を引き起こしたのと同じマインドセットのままで、その問題を解決できるかのように思い込み振舞っている。ガソリン車が問題なら電気自動車で、石油火力発電が問題なら太陽光発電で、プラスチックが問題なら生分解性プラスチックで……という具合だ。

ガソリン車が問題なら、車が無くても幸せに生きられる社会システムに変えてゆくことが、なぜ先に来ないのだろうか？　石油火力発電が問題なら電力消費量を減らしても幸せ度が上がるライフスタイルが、なぜ追及されないのだろうか？　プラスチックが問題なら、自然素材を使った丁寧な暮らしに変えてゆくことが、なぜ工夫されないのだろうか？

車や電気やプラスチックを大量に使い続けるのは、それが無いと幸せに生きてゆけないという思い込み、あるいは、どうしていいのかわからないという諦めが理由の一つだと、僕は思う。工業製品を主役にして経済成長を指向する社会システムがもう一つの理由であることは、もちろんのことなのだが。

そこで、車や電気やプラスチックを少ししか使わなくても幸せ度が上がるアイディアを、再び提案したくなった。"再び"というのは、『愉しい非電化』（洋泉社）という本を2004年に書いて提案したことがあるからだ。

ただし、幸せ度が上がっても支出が増えるアイディアは避けたい。金持ちの人しか幸せになれないからだ。そうではなくて、幸せ度が上がると支出が減るアイディアが好ましい。技術的に難しいアイディアも避けたい。工作が得意な人しか実現できないからだ。そうではなくて、文系のお母さんでもできるような簡単なアイディアが好ましい。一人寂しくではなくて、みんなで愉しめるアイディアがいい。

つまり、簡単にできて、支出が減り、幸せ度が上がるアイディアがいい。非電化工房を2000年にスタートしてから、そんなことばかりを追求してきので題

材には事欠かない。とは言うものの、簡単なことばかりでは物足りない方もいらっしゃるだろうし、実は僕自身も物足りないので、非電化冷蔵庫とか重力エレベーターのようなやや難しいアイディアも少し混ぜてみた。

　アイディアを77個並べてみたので、その中から自分でも愉しく実現できて、支出が減り、幸せ度がアップしそうなテーマを選んでいただきたい。技術的にむずかしそうだったら、工作が得意な人と組んでトライしてみてはどうだろう。いい仲間が増えそうだ。余談だが、仲間と技術は一生の財産になると、僕は思っている。

　アインシュタインはこうも言った。「狂気。それは同じことを繰り返しながら違う結果を望むこと」と。僕たちはいま狂気の時代を生きているのかもしれない。この狂気の時代を凛と生き、マインドセットを打ち破って問題を愉しく解決していただきたい。本書がその一助となれば本当に嬉しい。

---

ボクたちの地球が
希望の星でありつづけるように、

ボクたちに　できることを

ボクたちは、したい。

---

2023年7月　藤村靖之(非電化工房代表)

# 目次

# CATEGORY 2　調理・保存

# CATEGORY 3　水と洗浄

# CATEGORY 4　農業と食べ物

# 序　論

## 地球温暖化の原因

# +1.5℃をめざす

## 放射冷却

　放射冷却という言葉を天気予報でよく耳にする。「今日は空が澄んでいるので放射冷却が起きて、夜は冷え込むでしょう……」というアレだ。地表面から放射された赤外線が、晴れた日には遮られることなく宇宙に抜けてゆくので、地表面は冷やされる。空が曇っていると、放射された赤外線が雲（＝水蒸気）に吸収されて空を温め、温まった水蒸気から地表面に向かって赤外線が放射されるので、地表面は冷えにくい。

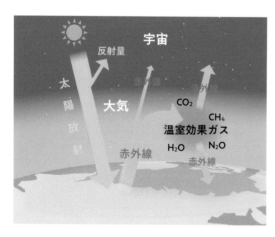

反射量
宇宙
太陽放射
大気
$CO_2$
$CH_4$
温室効果ガス
赤外線
$H_2O$
$N_2O$
赤外線

**放射冷却**：地球表面からは宇宙に向けて赤外線が放射されて地表面自身を冷やす。赤外線は温室効果ガスを温める。温められた温室効果ガスからは赤外線が地球に向かって放射されて地球を温める。

## 温室効果ガスの増加

　水蒸気だけではなくて、温室効果ガスも、赤外線を吸収して地表面に向かって放射するので、晴れていても地表面は温められる。水蒸気の全体量は昔から変わらないのだが、温室効果ガスは近年に急増しているので、地球温暖化が加速された。温室効果ガスの76％は$CO_2$だが、メタンガスや代替フロンガスなど、$CO_2$以外の温室効果ガスもある。ガス毎に温室効果が異なるので、温室効果ガスの量は炭酸ガス換算で表示される。以上、誰でも知っている地球温暖化の

理屈だ。

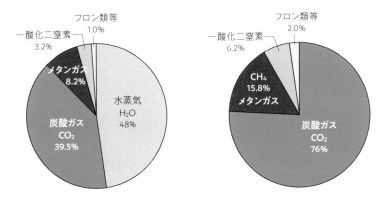

温室効果ガス：CO₂以外にも温室効果ガスの種類は多いが、主なものは図の4種類と水蒸気。ただし、水蒸気の量は局所的には大きく変動するが、地球規模では長期的には変わらない。[1]

## 気象予測はピッタリ当たる

こういう理屈に基づいて計算された気象予測がピッタリと当たるようになった。気候変動をもたらすのが地球温暖化であり、その地球温暖化をもたらすのが温室効果ガスの増加であることを、今や疑う人は稀だ。

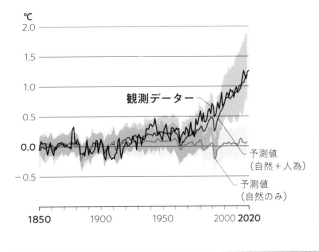

地表面温度：現在の地球表面温度の平均値は約14℃。1850年から2020年の間に約1.2℃上昇した。因みに水蒸気を含む温室効果ガスが無い場合の地表面温度は−19℃となる。[2]

*1　2010年のCO₂換算量：IPCC第5次評価報告書より作図

*2　気象庁website（https://www.data.jma.go.jp/cpdinfo/temp/trend.html）

## 凄まじい気候変動

　地球の温暖化によって、気候のバランスが崩れ、気候変動をもたらす。2019年5月の日本全国の史上最高気温35.9℃は北海道で記録された（5月26日北海道佐呂間）。カナダのリットン市では2021年6月29日に47.9℃という、カナダの史上最高気温が記録された。同じ日に米国カリフォルニア州のデスバレーの気温は53℃まで上昇した。2022年6月下旬、東京では猛暑日（35℃以上）が史上最長となる9日間続いた。2022年9月、パキスタンの国土の3分の1が洪水により水没した。2022年12月、ニューヨークでは一日の積雪量が54cmとなり、積雪記録を更新した。

　このような話は枚挙に暇がない。世界中の誰もが気候変動を実感し、真剣に憂えるようになった。


## +1.5℃

　2015年のCOP21（国連気候変動枠組条約締約国会議21）で「パリ協定」が合意された。パリ協定では、世界の平均気温上昇を産業革命（1770〜1830年）以前に比べて2℃より十分低く保ち、1.5℃に抑える努力をするという目標が掲げられた。

　このパリ協定は、締結国だけで世界の温室効果ガス排出量の約86％、159か国・地域をカバーするものとなっている。1.5℃の上昇でも気候変動は凄まじいものとなり、2℃上昇すると地球温暖化は悪循環に陥り生物の存続も危ぶまれる事態が想定されている。

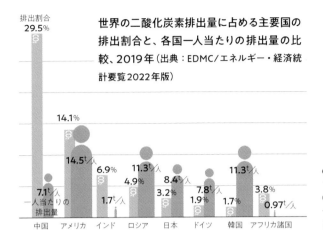

世界の二酸化炭素排出量に占める主要国の排出割合と、各国一人当たりの排出量の比較、2019年（出典：EDMC/エネルギー・経済統計要覧2022年版）

排出割合
29.5%

14.1%

14.5$^t$/人

7.1$^t$/人
一人当たりの
排出量

6.9%
4.9%
1.7$^t$/人

11.3$^t$/人
3.2%

8.4$^t$/人
1.9%

11.3$^t$/人
7.8$^t$/人
1.7%

3.8%
0.97$^t$/人

中国　アメリカ　インド　ロシア　日本　ドイツ　韓国　アフリカ諸国

$CO_2$排出量：日本は国としては世界で5番目に多い$CO_2$を排出している。国民一人当たりだと年間8.4トンで世界第4位。[3]

## $CO_2$ゼロ

　今世紀末までに気温上昇を1.5℃に抑えるためには、2030年末までに$CO_2$排出量を2010年比で45%削減し、更には、2050年末までには$CO_2$排出量を実質ゼロにすることが求められている[4]。2050年までの実質ゼロを表明した国は、日本を含めて144か国に上る。

## 険しいみちのり

　しかし、2021年の世界の$CO_2$排出量は363億トンに達し、2010年の排出量303億トンを大きく上回る[5]。2030年目標の167億トンを実現するには、9年間で54%削減しなければならなくなってしまった。$CO_2$ゼロへの道のりは極めて険しいと言わざるを得ない。

　世界や日本全体の話は以上で切り上げることにして、以下は日本の家庭の話に切り替えたい。ライフスタイルを変えることによる温暖化防止が本書の趣旨だからだ。

---

＊3　2022EDMC／エネルギー経済要覧
＊4　2018年10月IPCC1.5℃特別報告書
＊5　環境省「令和4年版環境白書」

## 家庭からのCO₂排出量

　製品やサービス毎のCO₂排出量を、最終的に使うのが家庭なのか、国・市町村・企業なのかで割り当てると、61%が家庭の消費となる。

　そこで、日本全体のCO₂排出量の61%を人口で割ると、家庭からの一人当たり年間CO₂排出量を算出できる。2020年の家庭からのCO₂排出量(年間一人当たり)は7,650kg／人・年となる[*6]。

　7,650kgを用途別に分類すると別表のようになり、生活のあらゆる行動、つまりライフスタイルがCO₂排出に結びついていることがわかる。逆に言えば、ライフスタイルを変えればCO₂排出を抑制できることが理解されるだろう。

　この表は、ライフスタイル別の分類なので、エネルギーや水などの発生要因が表に出てこない。発生要因別に分類すると、7,650kg／人・年の約80%はエネルギーであり、エネルギーの使い過ぎがCO₂排出の圧倒的に大きな原因であることがわかる。

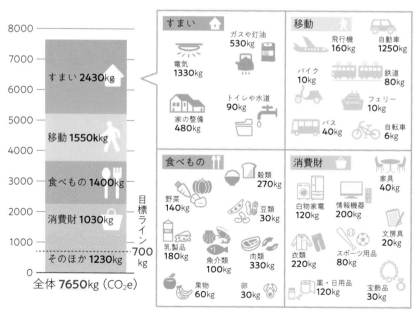

**家庭からのCO₂排出量**[*6]：日本全体のCO₂排出量の61%は家庭から。年間一人当たり7,650kg排出されている。

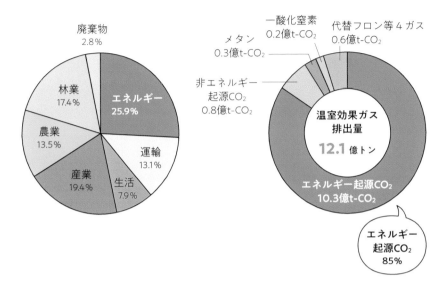

廃棄物 2.8%
林業 17.4%
エネルギー 25.9%
農業 13.5%
産業 19.4%
運輸 13.1%
生活 7.9%

メタン 0.3億t-CO₂
一酸化窒素 0.2億t-CO₂
代替フロン等4ガス 0.6億t-CO₂
非エネルギー起源CO₂ 0.8億t-CO₂

温室効果ガス排出量 **12.1** 億トン

エネルギー起源CO₂ 10.3億t-CO₂

エネルギー起源CO₂ 85%

**分野別CO₂排出量**[7]：日本のCO₂排出量を産業分野別に分類するとエネルギー産業関連は25.9%と少ないが、他の産業の中にもエネルギー起源のものが含まれている（左図）。
分類方法を変えてみると、エネルギー起源のCO₂排出が全体の85%を占めていることがわかる（右図）。

---

＊6　「1.5℃ライフスタイル〜脱炭素型の暮らしを実現する選択肢〜」（地球環境戦略機関）
＊7　経済産業省「エネルギー白書2022」

# CATEGORY 1

暖房・給湯・冷房

過去の数字を見てみると、1965年は全体の約67％で12MJ。1973年は約68％で20MJが暖房・給湯・冷房に消費されている。つまり、昔も今も暖房・給湯・冷房の割合が過半数で、消費量もさして減っていない。

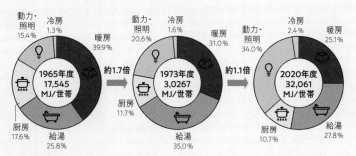

**家庭用エネルギー消費量の割合**：給湯と暖房だけで50％以上を占めている（経済産業省「エネルギー白書2022」より作図）。

## 暖房・給湯・冷房は必須テーマ

　暖房・給湯・冷房のエネルギー消費量を減らすことは必須の課題だ。温室効果ガス排出の原因の80％を占めるエネルギーの、そのまた55％を暖房・給湯・冷房が占めている。これをそのままにして、温室効果ガスを2030年までに45％減らす、あるいは2050年までに実質ゼロにすることなど考えられない。

　「そんなことはない！　全部を電力でまかない、その電力を再生可能エネルギーで全部生み出せば、$CO_2$をゼロにできる」という反論が聞こえてきそうだ。本当だろうか？　膨大な無駄を簡単に解決できるのに、それをしないで再生可能エネルギーに委ねる……なんだか変だ。アインシュタイン言うところのマインドセットそのもののような気がしてならない。

　もし暖房・給湯・冷房のエネルギー消費を半分にできれば、温室効果ガスの排出を22％も削減できる。家計費も年に10万円ほど節約できる。光熱費は今後急騰の勢いなので、もっと節約できるかもしれない。

　暖房・給湯・冷房の消費エネルギーを半分以下にすることは、簡単にできるのだろうか？　やってみたら簡単にできた。お金も多くはかからなかった。以下に21個のアイディアを紹介する。愉しそうなものを探して、試していただきたい。

---

＊1　2020年実績。経済産業省「エネルギー白書2022」による

# 温水シャワーの廃熱回収

## 燃料消費量を半分にする方法

**セルフビルドの温水シャワー(非電化工房内):**温排水から熱を回収しているので、燃料消費量は半分以下におさまっている。給湯器の燃料は灯油。

## エネルギーの4分の3が廃熱として捨てられている

　温水シャワーのために消費されるエネルギーの4分の3は、排水孔から廃熱として捨てられている。この廃熱の70%ほどを回収すると、温水シャワーの燃料消費量は半分以下になる。

　15℃くらいの水を42℃に沸かしてシャワーを浴びる。日本人の平均的な使い方だ。42℃と15℃の差の27℃分を温めるのにエネルギーが消費される。42℃のお湯は、人の身体を暖めたり洗ったりした後に排水孔から捨てられる。排水の温度は約35℃。気温が低い時や体が冷えている時にはもっと低い温度になるが、年間を平均すれば35℃くらいだ。35℃と15℃の差は20℃で、20℃を上述

の27℃で割ると、0.74。つまり、消費エネルギーの74%が廃熱として捨てられていることになる。

## 廃熱を回収する

　排水は排水管を通って下水あるいは合併浄化槽に捨てられるのが普通だ。そこで、排水管の途中に廃熱回収装置を繋げておく。廃熱回収装置は金属の2重管(長さ3mほど)の周りを断熱材で囲うだけでできる。2重管の内側には水道水、2重管の間には温排水が流れるようにしておく。内側の管の内径は13mm程度、外側の管の内径は20mm程度が望ましい。内側の管には水道水を通して、シャワーの混合栓の給水側に繋げる。外側の管には、排水孔からの温排水を通す。これで出来上がり。自分で制作すれば材料費1万円以下で済む。水道工事業者に頼むと3万円くらいでやってくれそうだ。

　たったこれだけのことで、捨てられた廃熱74%の7割くらいを回収できる。つまり、温水シャワーのエネルギー消費量を半分以下にすることができる。

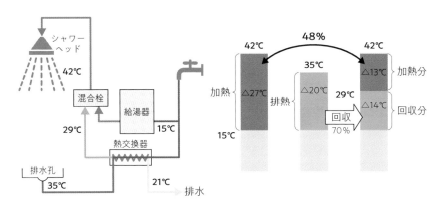

**温水シャワーの廃熱回収**：排水孔から捨てられる温排水の温度は高い。熱交換器を介して温排水の熱を回収すると、エネルギー消費量を半減できる。

# 風呂の廃熱回収

## #02

### 風呂の燃料消費量を半分にする方法

セルフビルドの風呂小屋(非電化工房内)：自作の太陽熱温水器(5㎡)でエネルギーの70％をまかなっている。不足の30％分は、可燃性ゴミや廃材でまかなうので、風呂の燃料代はゼロになる。

## 日本人は世界一風呂好き

　日本人は世界一風呂好きだ。だからエネルギーの約4分の1、水道水の約4分の1を風呂に費やしている。しかし、エネルギー利用に伴う温室効果ガス排出量（$CO_2$換算）は年間一人当たり約1,500kgだ。燃料代と上下水道代も馬鹿にならない。昨今の燃料代・水道代の高騰に伴い、毎日は風呂に入れない家庭が増え始めていると聞くと、ことは深刻だ。

　そこで、風呂の燃料代を半減する方法を考えてみる。15℃の水を42℃のお湯

にするには、差し引き27℃分のエネルギーを消費する。風呂に入り終わると湯を捨てる。捨てられるお湯の温度は40℃くらいだ。途中の追い炊きを考慮に入れると、消費エネルギーの80%ほどを廃熱として捨てていることになる。廃熱の70%を回収すれば、燃料消費量を半分以下にできる。

## 蓄熱が必要

　温水シャワーとは違って、風呂の廃熱回収には蓄熱タンクが必要になる。風呂を沸かす時と風呂水を捨てる時のタイミングがずれるからだ。普通の家庭用浴槽なら、250リットルほどの容積のタンクを屋外に用意する。タンクを地面の下に埋めてもいいが、メンテナンスしやすくするためには地上に設置した方がいい。タンクの中にはステンレス管がとぐろを巻いたような形の熱交換器を入れておく。風呂の排水はタンクの下から入って、上から排出される。タンク内のステンレス管を通って温められた水道水が給湯器の取水口に繋がれる。これで、風呂の廃熱が回収される。

## タンクの断熱がポイント

　風呂の温排水がタンクに溜められるタイミングと、風呂を沸かすタイミングとは20時間ほどの時間差がある。この20時間で温排水が冷めてしまっては意味が無い。冷めないようにタンクの周りを断熱する。籾殻断熱なら厚さ10cm、ポリ袋に入れた段ボールでも厚さ10cm。(あまりお薦めしたくないが)ポリスチレンボードなら厚さ5cm程度の断熱でいい。

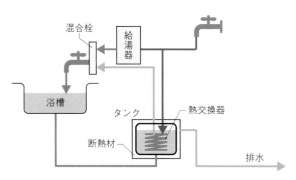

**風呂の廃熱回収装置**：風呂の排水はタンクに貯められる。風呂を沸かす時はタンクを通って温められた水が給湯器で追い焚きされる。ストップバルブなどは省かれて描かれている。

# わらと土の家（ストローベイルハウス）

## 冷房不要のメルヘンの家を自分で造る

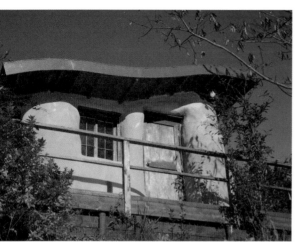

**セルフビルドのストローベイルハウス（非電化工房内）**：壁の中心には厚さ30cmのストローベイル（稲わらのブロック）が積まれている。その内側と外側には土が塗られ、表面には漆喰が塗られている。壁のトータルの厚さは70cmで、曲線と曲面が生かされた家になっている。冷房は不要。暖房は少量でいい。材木の基礎や柱で強度は保たれている。

## 壁の厚さは40〜70cm

　ストローベイルハウスは日本でもささやかなブームになっているので、ご存知の方も多いだろう。ストローベイル（わらのブロック）を積み重ねて壁を作る。内側と外側に土を厚く塗り、表面に漆喰を塗って仕上げる。基礎や柱や屋根は木で作る。つまり、わらと土と木で作る家だ。トータルの壁の厚さは40〜70cmになるので、断熱性は抜群の自然素材の家が出来上がる。

## メルヘンの家

　断熱のことだけを考えれば、壁の厚さは30cmもあれば十分だ。わざわざ40〜70cmもの厚さにするのは、曲面や曲線の家にするのが目的だ。曲線と曲面の家は合理性には欠けるが、時間がゆったり流れて、優しい気分になる。まるでメルヘンの家だ。住む人もメルヘンの登場人物のように無邪気になれる。

## みんなで愉しく造る

　ストローベイルハウスのもう一つの特徴は、ワークショップで愉しく作れることだ。僕も何度か主催したが、参加者は例外無く大喜び。参加者同士も大の仲良しになった。肩書きや損得を抜きにした共同作業は、いつだって愉しいのだが、土塗り作業は飛び切り愉しい作業になる。

## 屋根と窓と床下の断熱も必要

　壁の厚さが40〜70cmもあれば、壁からの熱の侵入はほとんどゼロに近い。しかし、熱は屋根からも窓からも床からも伝わる。だから屋根、窓、床の断熱レベルも同時に上げる。屋根には杉の皮を葺いたり、二重屋根にしたり、天井裏に籾殻を入れたりする。窓は小さ目の二重窓にし、カーテンも厚手にする。床下

**ストローベイルハウスの室内(非電化工房内)**：壁には漆喰が塗られている。椅子もストローベイルを芯にして、土と漆喰が塗られている。

には籾殻などの断熱材を詰める。以上で熱の出入りがゼロに近い自然素材の家が出来上がる。

## 涼しい空気を採り入れる

　ストローベイルの壁だけでも夏涼しく冬暖かい。しかし家の周りじゅうが暑ければ、いくら断熱を良くしても、いつかは家の中も暑くなる。中に住む人の発熱もあるし、電気製品からの熱も無視できない。だから、家の周りの涼しい空気を上手に採り入れてやる。

## 少しだけ暖める

　逆に家の周りじゅうが寒ければ、家の中もいつかは寒くなる。だから、家の中を少しだけ暖める。断熱が良いので、ほんの少し暖めてやるだけでよい。例えばだるまストーブという小さい薪ストーブがある。鋳物製で50年は使えるスグレモノなのに5万円ほど購入できる。暖房能力は小さいのだが、断熱が良いのでこれで十分だ。ストローベイルハウスと雰囲気もぴったり合う。

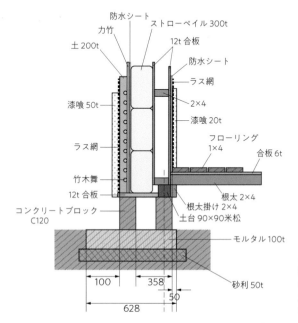

**ストローベイルハウスの壁の構造例**：厚さ300mmのストローベイル（わらのブロック）の外側には土と漆喰が塗られる。壁が厚いので、基礎は2重になっている。

# 竹と土の家

## タダでつくれる冷房不要の家

**竹と土の家**（非電化工房内）：柱も桁も屋根の垂木も竹で造ったセルフビルドの家。壁に土や漆喰を塗る前の状態。放射状の竹は屋根の垂木。竹は油抜きを済ませてある。

## 竹は環境優等生

　竹の成長は世界一速い。24時間で121cm伸びた記録もある[*1]。代表的な広葉樹であるブナ科の樹高が、最も成長が速い時期でも1年間で数十cmであることを考えると、竹の成長速度は木よりも桁違いに速い。だから、地球温暖化防止の有効手段の一つとして、竹の活用が欧米では期待されている。

## 竹害を防ぐ

　しかし環境にいいことばかりではない。竹は地下茎の節から筍が生え、筍が脱皮して竹になる。地下茎は一年に5m伸びた記録がある[*1]というくらいに成長

が速い。そのために広葉樹林を侵食するなどの「竹害」もある。地下茎は地面の50cm以内に留まるので、保水性が低く、山崩れを起こしやすい。竹害を起こさないように管理しながら、どんどん使う。そうすれば竹は本当に環境優等生になる。

## 竹と土の組み合わせはすごい

築300年の古民家の土壁を解体した経験がある。出てきた柱が木ではなくて竹だったことに驚いた。土壁には、土を固定するための格子(木舞と呼ぶ)に竹を使う場合がほとんどだが、竹木舞も300年健在だった。

一方、雨樋や物干し竿に竹を使うと、竹は数年でボロボロになる。だから、竹を雨ざらし・陽ざらしにせず、周りを乾いた土で囲えば、古民家のように長持ちする。

竹は構造強度も強い。マダケとブナを比べると、圧縮強さは1.6倍、引っ張り強さは1.8倍、曲げ強さは1.9倍という学術報告もある[*2]。

ただし、虫・カビが発生したり、生物劣化しやすいので、糖分が根元に降りる冬に伐採するとか、油抜きをするなどの処理をしっかりすることが長持ちと強さの前提条件だ[*3]。

## 竹と土の家を造る

竹と土の家を造ってみた。割った竹は自在に曲げられる性質を利用して、円形ドーム状の形にしてみた。コンクリートの基礎の上に竹の柱を立て、屋根を載せる。屋根の垂木も竹を使う。竹柱の外側と内側には、割竹で木舞を組む。

ドアと窓は、普通の建築と同じように木製のドア枠・窓枠を取り付け、ここにドアと窓を組み付ける。次に、木舞の上から土を塗る。土と竹の壁厚は30cmにした。メルヘンの家にするにはやや不満だが、断熱の目的には十分すぎる厚さ

---

[*1] 林野庁website「竹の性質」
[*2] 大分大学理工学部学術報告
[*3] 油抜きは湿式と乾式の2つの方法がある。湿式では、水に苛性ソーダまたは炭酸ソーダを混ぜ、竹を入れて煮立てる。乾式の場合は竹の表面をバーナーで炙り、表面に浮き出た油を布で拭き取る。

**セルフビルドの「竹と土の家」**(非電化工房内)：構造材に竹を使い、壁には土を塗った。壁の厚さは約30cm。コンクリートのベタ基礎の上に建てられている。

だ。床と天井も竹を使って貼る。床下には籾殻を詰め、天井裏にも籾殻の袋詰めを載せる。

　以上で、竹と土の家の出来上がり。全部自分で造れる。材料費はタダのように安い。出来上がった家は、ストローベイルハウスとまったく同じ雰囲気になった。外から眺めても、室内にいても、心が安らぐ。夏涼しく、冬暖かい。

# ホビットハウス
## 冷暖房不要の横穴式住居

**横穴式住居（非電化工房内）**：中古の20フィートアルミ製冷凍コンテナーを手に入れ、入り口と窓と換気孔を追加工した。地面を掘り、砂利を敷いた上にコンテナーを設置し、入り口には通路、窓には採光筒、換気孔には換気筒を繋げる。コンテナーに2mほど土を被せ、通路の端にはドア、採光筒の端には窓、換気筒の端にはウェザーキャップを設置した。冷暖房は不要。

### ホビットハウス

『ロード・オブ・ザ・リング』という映画の冒頭に主人公のビルボ・バギンズと、彼が住むホビットハウスが登場する。素敵だ。ファンタジーの世界に引きずり込まれる。ホビットハウスという名が有名になり、横穴式住居も有名になった。

### 温度が変わらない

　横穴式住居は有名になったが、室内の気温が年中変わらないことは、あまり知られていない。地表面から2メートルも深くなると、土の温度は夏も冬も変わらない。どれくらいの温度かというと、地表面の1年＝8,760時間の平均気温くらい

だ。だから関東以西で南斜面に横穴式住居を造ると、室内の気温は年中20℃くらいをたもつ。　地下の温度がなぜ年中同じ温度かと言うと、土の熱伝導率が非常に低いからだ。乾いた土ほど熱が伝わりにくく、1メートル伝わるのに半年くらいかかる。

## 横穴式住居は冷暖房不要

　南斜面に横穴式住居を造れば冷暖房は不要になる。敷地内に南斜面が無い場合は、天井が地面の高さくらいの半地下式にして屋根の上に2メートルくらいの土を被せれば、平地でも横穴式住居はできる。

　冷暖房不要でタダのように安く造れるのに、日本には横穴式住居が無いのは、土が柔らかく、雨が多いせいではないだろうか。雨がしみ込むと土は更に柔らかくなり、熱も伝わりやすくなる。土が柔らかいと掘るのも住むのも危険だ。湿気に悩まされることにもなる。

　しからば、簡単に掘れて、危険は無く、湿気にも悩まされなければ、どうだろうか。昔なら困難だったろうが今ならできる。斜面を重機で切り崩し、切り崩したところにコンクリートのドームハウスを建てる。ドームハウスの上に土を被せれば横穴式住居が簡単にできる。防水対策を施しておけば湿気に悩まされることも無い。

## 横穴式住居を造る

　やってみたら簡単にできた。中古の20フィートコンテナー（床面積約20㎡）を5万円で手に入れた。地面を1メートルくらい掘り下げ、砂利を敷いた上にコンテナーを載せる。コンテナーには、入口＋通路、窓＋採光筒、換気筒を追加工してある。コンテナーの上と周囲に土砂を厚さ2メートルほど被せる。通路の端にドア、採光筒の端に窓、換気塔の上部にはウェザーキャップを設置すれば出来上がり。コンテナーは土の重さに十分に耐えられる。水漏れの心配も無い。被せた土の上部には屋根用の防水シートを地表面から20cmくらいの処に被せておく。水がしみ込んで土の断熱度が低くなるのを防ぐためだ。

# 杉皮の屋根

### 屋根に杉皮を貼るだけで冷房不要になる

**杉**：日本の国土の20％が杉と檜で占められている。用途が限られている上に、花粉症の原因になるので厄介者扱いされている。写真は剥ぎ取った杉皮。

## 杉は厄介者

　日本の国土の7割は森林で、森林の41％が人工林で、人工林の69％が杉と檜なのだそうだ[1]。つまり日本の国土の20％が杉と檜で占められる。あまりに多いので適切な間伐がされないままに放置される。春には杉花粉が飛散し、花粉症患者は国民の15.6％に及ぶという[2]。反ったり曲がったりしやすい上に節が多いので建材としては嫌われる。軽くて燃え尽きやすいので薪としても嫌われる。

## 杉皮の遮熱能力はすごい

　かく厄介者扱いされる杉だが、杉皮の遮熱効果はすごい。非電化工房の建物

の多くは屋根に杉皮を葺いてあるが、おかげで冷房は要らない。

　真夏の昼間に屋根の上に手を触れた経験をお持ちだろうか。熱くて触れない。だから、天井に断熱材を厚く入れても、エアコンがなければ堪らない。非電化工房の建物はエアコンが無くても夏は涼しい。最大の理由は杉皮葺きだからだ。杉皮は太陽の光を遮断してくれるので屋根が熱くならない。つまり杉皮葺き*³は美しいだけではなくてエコロジカルだ。

## 杉皮を葺く

　杉皮を葺くのは難しくない。屋根板(野地板と言う)の上に防水シート(ルーフィングと言う)を貼り、その上に杉皮を重ねて、傘釘などで留めるだけだ。素人でもできる。ところがプロに頼んでもやってくれない。茅葺き屋根と同じだ。技を持った職人がいない。

　杉皮は一坪当たり4千円程度で購入できる。実際に貼るときは重ねて貼るので、でき上がり一坪当たりだと8千円ほどになる。瓦や鋼板の屋根をプロに頼むのに比べれば桁違いに安上がりだ。

## 杉皮を剥ぐ

　杉の皮を自分で剥げばタダになる。実は杉の皮を剥ぐのは難しくない。輪切りのように鋸で皮を切り、ナイフで縦の切り込みを入れ、ヘラで円周方向に剥ぎ取る。出来上がりが幅30cm、長さ60cmにすると、屋根を葺く時に丁度良い。9月頃なら、嘘のように簡単に剥ぎ取れる。鋸は刃が曲線状になっている生木用の曲がり鋸が使いやすい。ヘラは幅が広くて、先が鋭く、分厚いものがいい。鉄製スクレーパーの分厚いものでもいい。

　剥ぎ取った杉皮は円周方向に丸まっているので、癖を直して平らにする。水に漬けて重しを載せておけば一月ほどで平らになる。

---

＊1　林野庁 website　(https：//www.rinya.maff.go.jp)
＊2　厚生労働省 website(https：//www.mhlw.go.jp/new-info/kobetu/kenkou/ryumachi/kafun/)
＊3　檜の皮も杉皮と同じ効果がある。檜皮や杉皮を葺いた屋根のことを檜皮葺(ひわだぶき)と総称する。

**杉皮を葺いた屋根(非電化工房内)**：非電化工房の建物の屋根の多くは杉皮が葺かれている。太陽光をほぼ100％遮断してくれるので冷房が不要になる。写真はストローベイルハウスの非電化カフェ。

## #07 クールルーフ
### 屋根を白くすると夏涼しく冬暖かい

**クールルーフ(非電化工房内)**:屋根を白色または銀色にすると、夏涼しく冬暖かい家になる。

## 太陽光を反射する

　地球温暖化を防ぐためには、太陽光線はなるべく反射し、赤外線はなるべく放射した方がいい。序論で解説した通りだ。太陽光線のエネルギーは可視光線が約半分を、赤外線が約半分を、紫外線が少々を分担する。太陽光線が物に入射すると、一部は吸収されて、残りは反射される。大雑把に言うと銀色や白色は太陽光線をほとんど反射し、黒色はほとんど吸収する[*1]。赤外線の放射については、銀色や白色は放射が少なく、黒色は多く放射する。

　つまり、物の表面が銀色や白色なら、太陽光線を多く反射し、赤外線を少ししか放射しない。逆に黒色は太陽光線をほとんど反射せず、赤外線を多く放射

する。だから、屋根を白色または銀色にすると、太陽光をほとんど反射し、赤外線をほとんど放射しない。

## クールルーフ

銀色や白色の屋根をクールルーフと呼ぶ。夏には、太陽光線を反射するので、屋根は熱くならない。冬には赤外線をほとんど放射しないので、その分だけ建物が冷えるのを防いでくれる。夏涼しく冬暖かくしたいという要求と、地球温暖化防止の目的が合致するので、クールルーフが欧米で増え始めた。赤や緑の屋根が美しいので好まれるのだが、温暖化防止のためには美しさを犠牲にしようという判断だ。

## 美しいクールルーフ

美しさを犠牲にしないでクールルーフを実現することは、実はできる。九州の女子修道院から相談を受けたことがある。環境派なのでクーラーを設置していないのだが、夏の暑さは耐えがたいそうだ。屋根は赤く塗装した金属板で、断熱はされていなかった。屋根を銀色にすればいいのだが、麓からの景観を損なうので色は変えたくない。断熱工事追加の余地は無かった。そこで、麓から見ると赤色だが、空から見ると銀色の屋根にすることをアドバイスした。図のように屋根の金属板の形状を変え、空から見える部分を銀色に、麓から見える部分を赤色に塗っただけのことだ。奇跡のように涼しくなって、修道女たちに拝まれた。20年ほど前のことだ。

---

*1　太陽光線の反射や赤外線の放射は、色だけではなくて表面の材質や粗さによっても異なる。放射率が小さいものの代表はアルミやステンレスの光沢面で放射率≒0.3。

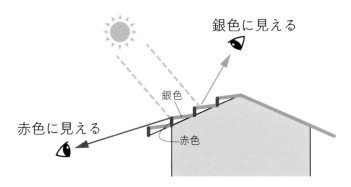

**赤色のクールルーフ**：九州の修道院で試みたクールルーフ。屋根板を階段状にし、立っている部分は赤色に、寝ている部分は銀色に塗り分ける。麓からは赤く、空からは銀色に見える。

## #08 籾殻断熱

### コストゼロの地球にやさしい断熱術

**セルフビルドの籾殻ハウス(非電化工房内)**:ドームハウス(三角形のパネルを組み合わせる手法)で建てられたセルフビルドの家。壁のパネルには10cm、屋根と床のパネルには20cmの厚さで籾殻が詰められている。夏は冷房不要、冬は僅かな暖房でよい。

## 断熱材の種類は多い

　ガラス繊維を綿状にしたグラスウールが全体の8割を占めるが、他にも鉱物系のロックウール、木質系のセルロースファイバー、プラスチック系のスチレンボード……などなど、断熱材の種類は多い。

　これらの断熱材は、断熱性能は優れているが、製造過程でエネルギーを多く消費する。価格も高い。グラスウールやプラスチック系は捨てられた時の環境負荷も大きい。

## 籾殻断熱は優等生

　日本では古くから籾殻を断熱材として活用してきたが、近年は使われない。施工が面倒な上に、流通性が悪い。断熱性能もグラスウールに較べると3割ほど劣る。虫も湧きやすい。籾殻が使われなくなった理由だ。

　しかし、籾殻は環境と健康に悪さをしない。価格はタダ同然だ。同じ厚さならグラスウールよりも断熱性能が3割ほど劣るかもしれないが、タダなのだから2倍の厚さにして使えば4割ほど優ることになる。3倍の厚さなら2.1倍になる。

## 籾殻は長持ちする

　籾殻は長持ちする。桂離宮の床下は籾殻で断熱されているが、創建時の籾殻を今でも使用しているそうだ。籾殻の主成分はシリカだから、長持ちするのは当然なのだろう。

## 虫の問題を解決する

　籾殻自体には虫は湧かないのだが、籾に混ざっている米に虫が湧く。籾殻が嫌われる理由の一つだ。そこで、籾殻に消石灰をまぶすことにした。消石灰は強アルカリ性なので虫は湧かなくなる。消石灰は天然由来で、VOC(揮発有機化合物)もゼロだ。安価なので、コストは気にならない。

## 施工しやすくする

　籾殻が嫌われるもう一つの理由は、施工しにくいこと。そこで、施工しやすくする方法を考えた。PE(ポリエチレン)の袋に籾殻を詰めた「籾殻パック」を予め作っておく。PE袋の容積の5分の1程度の容積の籾殻を詰め、空気を抜いて皺々状態のパックにする。施工の際には籾殻パックを隙間にピッチリ詰め込む。これだけのことで、施工は容易になった。年数が経っても隙間はできなかった。

## 籾殻を使わない理由は無くなった

　環境や健康に悪さをしない上に、断熱性能はよく、長持ちする。価格はタダ同然で施工性も良い。これで、籾殻を断熱材に使わない理由は無くなった気がす

**籾殻断熱（非電化工房内）**：PEの袋に籾殻を少なめに詰め空気を抜いて皺々状態のパックを用意しておく。パックを隙間にピッチリ詰める。籾殻に消石灰もまぶしておく。写真は籾殻断熱を室内側から見えるようにした窓。

る。20年来、この方法を伝えるように努めた結果、国内で数十件程度の実績が生まれた。グラスウールの実績の10万分の1以下にすぎないのだが。

# #09 ウズベキスタン流
## 夏用の家と冬用の家を並べて建てる。スゴイ！

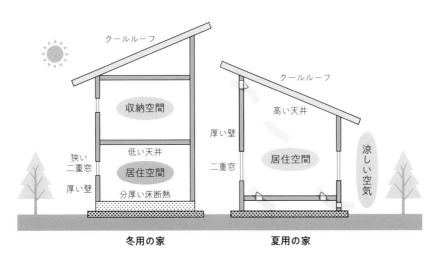

クールルーフ

クールルーフ

収納空間

高い天井

低い天井

厚い壁

狭い
二重窓

居住空間

居住空間

涼しい空気

厚い壁

二重窓

分厚い床断熱

冬用の家　　　　　　　　夏用の家

**夏用の家と冬用の家**：南側に冬用の家を、その日陰に夏用の家を建てる。冬用の家の天井は低く、断熱よく、窓は小さくする。夏用の家の天井は高く、風通しをよくする。

## 夏用の家と冬用の家があるウズベキスタン

　ウズベキスタンは中央アジアに位置する共和制国家だ。シルクロードの中心地として日本でもよく知られている。ウズベキスタンに行って驚いた。多くの人が夏用の家と冬用の家を持っている。二つの家は敷地内に隣接して建てられていて、年に2回引っ越しをする。

　物をあまり持たないで生活する文化なので、引っ越しは1時間くらいで済んでしまう[*1]。

　夏用の家は北側に建てられ、天井は高く、風通しがよく、窓は北側にしかない。冬用の家は南側に建てられ、天井は低く、壁は厚く、窓は南側に小さいものがあるだけだ。当然のことだが、夏用の家は夏に涼しく、冬用の家は冬に暖かい。「家は一つ」と思い込んでいたから、本当に驚いた。

## 夏を旨とすべし

　兼好法師が「家のありようは夏を旨とすべし」と徒然草の中で書いているように、日本の建築は夏を涼しく過ごすことを基本としてきた。冬の寒さは厚着や火鉢などで、なんとか凌げるが、夏の暑さはどうしようもないからだろう。

　しかし、エアコンが普及して様相は一変した。エアコンの冷気や暖気が逃げないように、高気密・高断熱の家づくりが指向される。窓は南側に大きくとる。かくして、エアコンが無ければ夏暑く冬寒い家へと日本の家は変貌する。

## 地方ならウズベキスタン流が可能

　都会では困難かもしれないが、地方ならウズベキスタン流は可能だと思う。家を新築する際に限られるかもしれないが、冬用の家を南側に建てる。小さい窓を南側に設ける。2階建てにして、1階に住み、2階は納戸にする。1階の天井は低くし、壁は厚くする。床下はしっかり断熱する。冬用の家の陰に隠れるように夏用の家を建てる。窓は北側に設け、天井は高くする。屋根はしっかり断熱する。涼しい風を床下から採り入れて壁上部から出す。

　以上で夏涼しい家と冬暖かい家とが出来上がる。ウズベキスタンの人の真似をして、なるべく物を持たない生活を愉しみたい。すると、家の床面積はそれほど大きくはならない。建築費もかさまない。冷暖房費はほんの少しでよくなる。もちろん、温室効果ガス排出量は激減する。因みに、ウズベキスタン人の$CO_2$排出量は年間一人当たり5,370kg[2]で、同じ年の日本人の1,053kgの半分ほどで、意外に多い。

---

＊1　マテリアルワールドプロジェクト『地球家族』(TOTO出版)
＊2　worldbank.orgの調査データによる

# #10 太陽熱温水器
## 手作りでも風呂の燃料費をタダにできる

**自作の太陽熱温水器**(非電化工房内):2枚のトタン波板でシリコンチューブを挟んでつくる。季節によって角度を変えられるので、年間効率が20％ほど高くなる。写真は冬用に角度を大きくした状態。材料費は2万円程度。

## 太陽熱温水器が大量に捨てられている

　最近、太陽熱温水器が大量に捨てられていると聞いて耳を疑った。壊れて使えないものではなく、まだ十分に使えるものを撤去費用と処理費用(合計数万円)まで払って捨てるのだそうだ。捨てる理由はカッコワルイから。太陽電池や風力発電機はかっこよくて、太陽熱温水器はカッコワルイのだそうだ。統計データーを調べてみると、1999年に11.5％だった世帯普及率は2014年には3.8％と確かに下がっている[*1]。

## 太陽熱温水器がカッコワルイ理由

　一部の豪雪地帯を除くと日本の屋根の勾配は緩やかだ。この緩やかな勾配が太陽熱温水器のカッコワルイに繋がる。太陽熱温水器が屋根から突き出てしまうからだ。年間を通して集熱効率を高めようとすると、その土地の緯度くらいの傾きにせざるを得ない。結局、鹿児島なら26度、札幌なら43度くらいに傾けることになる。つまり、北の地域ほど太陽熱パネルの勾配は大きくなり、その分だけ屋根から突き出てカッコワルイことになる。

　過密な都会では屋根に載せざるを得ないだろうが、郊外や田舎なら土地は広い。昼間に陽が当たっている地面はいくらでもある。そこに太陽熱温水器を設置すればカッコワルイは解消される。屋根に載せる場合に較べて設置も格段に楽になる。つまり自分で安く設置できるようになる。

## DIYで作れる安価な太陽熱温水器

　2枚のトタン波板を、山と山とが接するように重ねると、谷と谷の間に楕円形の隙間ができる。そこにシリコンチューブを通してから、トタン同士をリベットで留める。上側すなわち太陽の陽が当たる側の表面は黒いトタン板を選ぶ。黒トタン板の上に透明なポリカーボネイト波板を被せておく。これを2×4材と合板で作った箱に納めれば即席太陽熱温水器の出来上がりだ。このような簡単な構造でも、市販の太陽熱温水器の70%くらいの集熱効率は実現できる。市販の温水器の面積は3㎡くらいだが、手作り温水器の面積は5㎡にする。効率は70%でも面積が広いので、集熱量は市販のものよりも20%ほど多くなる。

## 角度を変えると効率が上がる

　太陽の高度は冬は低く夏は高い。だから、太陽熱温水器の角度を季節によって変えると、年間を通しての効率が20%ほど良くなる。地上設置なら簡単に角度を変えられる。面積効果と角度効果で、市販のものよりも40%ほど集熱量を増やすことができる。

---

\*1　総務省統計局調査（https : //www.stat.go.jp/data/zenkokukakei/2019/）

# 天窓
## 明るく涼しく暖かい不思議な天窓

**天窓（非電化工房内）**：非電化工房の母屋の天井には、2㎡の天窓が6個設置され、銀色のロールスクリーンがついている。最上部の天窓は開閉できる。

## 昼に照明

　昼間から電灯を点けている家が多い。室内が暗いからだ。屋根には燦燦と陽が射しているのに、照明に電力を消費するのは勿体ない。窓を広くすれば室内は明るくなるのだが、夏暑く冬寒い家になってしまう。

　天窓があれば、昼は明るい。そのせいだろうか、ヨーロッパの家には天窓が多い。イタリアやドイツや北欧の国に特に多いという印象がある。しかし、日本では天窓のある家が圧倒的に少ない。茅葺屋根の家には天窓は馴染まなかったという建築の歴史、あるいは雨が多いという気象の特徴が理由という説がある。天

窓をリクエストすると大工が嫌がるからだという説もある。

## 昼は明るい

　非電化工房には、20軒の家が建っているが、ほとんどの家に天窓をつけてある。セルフビルドなので、大工さんに反対されることはなかった。そもそも大工さんが天窓を嫌うのは、雨漏りの原因になるからだ。雨漏りしないように慎重に作ったので、雨は漏らない。天窓のお陰で昼に電灯を灯すことは無い。

　因みに、読書に必要な明るさは300〜500ルクスと言われている。一方、晴天時の屋根の明るさは約10万ルクス、曇天時でも1万ルクスもある。つまり、屋根に降り注ぐ日光の20分の1も室内に取り込めれば、昼間の照明は不要になる。

## 夏は涼しい、冬は暖かい

　天窓には、ロールスクリーンを装着する。夏の昼はロールスクリーンを閉じる。陽光を遮るためだ。夜はロールスクリーンを開ける。赤外線を天空に放射して室内を涼しくするためだ。

　更に暑い時には一番高いとこにある天窓を開ける。北側の窓またはドアも開ける。すると窓やドアから涼しい風が入ってきて、天窓から出てゆく。自然対流の力を借りるので、空気を動かすための動力は不要だ。部屋の中を涼しい風が通り抜けるので、室内は涼しくなる。

　冬の昼間はロールスクリーンを開く。陽光を取り込むためだ。夜はロールスクリーンを閉じる。赤外線を放射させず、熱の伝達も防ぐためだ。天窓が有る分窓を狭くできる。冬に寒い理由の一番は窓なのだから、窓を狭くできる効果は大きい。かくして、昼は明るく、夏は涼しく、冬は暖かい家が出来上がる。もちろん、電力消費量は大幅に少なくなる。

# #12 PSH（パッシブ・ソーラー・ハウス）
## 燃料消費量を半分にする方法

PSH（D.ホルムグレン氏宅）：オーストラリア在住のD.ホルムグレン氏の自宅はグリンハウス内蔵の典型的なパッシブ・ソーラー・ハウスだ（筆者撮影）。

## 冬に温かいPSH

　パッシブ・ソーラー冷暖房とは、電気や石油・ガスの力を一切借りずに自然の原理だけで冷暖房を行う技術のことで、この技術を採り入れた家をパッシブ・ソーラー・ハウスと呼ぶ。

　パッシブ・ソーラー冷暖房は大昔から世界中で行われてきたことだが、1973年の第1次石油危機を契機に、欧米やオーストラリアで熱心に研究されて世界中に普及した。

　もっとも代表的なパッシブ・ソーラー・ハウスは写真のような方式だ。南面に

広くガラス窓(できれば2重ガラス)が設けられる。冬の低い陽射しは家の奥まで入ってきて、蓄熱壁や蓄熱床に注がれる。蓄熱壁や蓄熱床は、陽射しを吸い込み易く、蓄熱し易い材料で作られる。代表的な材料は日干し煉瓦だ。厚さは20〜30cmくらいが一般的だ。昼間吸い込まれて蓄えられた熱は、夜中にはジワジワと放熱されて、部屋全体を暖める。

## 夏涼しいPSH

夏は、高い陽射しが直接注ぎこまないように、庇の形状等を工夫するが、熱気は上層部にこもるので、この熱を上手く逃がしてやる必要がある。上部に排気孔を設け、北側低層部に吸気孔を設けてやると、煙突効果で空気がドライブされ、北側の涼しい空気を吸い込んで、部屋全体が涼しくなる。吸い込まれる北側の空気を、なるべく低温にする工夫も併せて必要だ。西日の影響を避けるためには西側に落葉樹を植え込むことが効果的だ。陽光で加熱された車は熱源になるので、車庫の位置も重要なポイントの一つだ。

## いまの家に追加できるパッシブ・ソーラー冷暖房

既製の住宅にパッシブ・ソーラー冷暖房を追加する方法も多く知られている。代表的な方法を図に示す。断熱性の良い既存の壁の外側に蓄熱壁を設ける。蓄熱壁の厚さは10cmくらいが一般的だ。夏も冬も蓄熱壁には陽光が注ぎ熱くなる。暖房したい時は、扉のAとBを開く。既存壁と蓄熱壁に挟まれた空気は蓄熱壁で温められ、上昇気流となって、扉Aから室内に送られる。冷房したい時は、扉のBとCを開く。空気は暖められて上昇気流となり扉Cから室外に放出されるが、同じ量の涼しい空気を扉B経由で家の北側の吸気孔Dから吸い込むので、室内は涼しくなる。

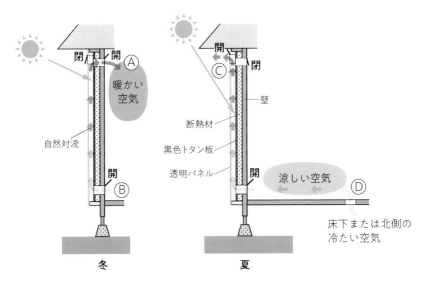

閉 開 Ⓐ

暖かい
空気

自然対流

開 Ⓑ

冬

開 Ⓒ 閉

壁

断熱材

黒色トタン板

透明パネル

開 Ⓓ

涼しい空気

床下または北側の
冷たい空気

夏

**パッシブ・ソーラー壁：**既存の家の南側の壁に追加できるPSH技術。壁の外側に断熱材と黒トタ
ン板を貼り、2〜3cmの隙間を開けて透明パネルで覆う。太陽光でトタン板が温められ、隙間の空
気も温められる。隙間の空気には自然対流が起き、冬は温められた空気を室内に送り込む。夏は冷
たい空気を室内に引き込む。

# 五右衛門風呂

**#13**

## 廃材利用で身体の芯まで温まる

**セルフビルドの五右衛門風呂(非電化工房内)**:浴槽が熱くなり、遠赤外線効果で身体の芯まで温まる。薪や紙屑などを燃料にできる。太陽熱温水器ともつながっている。

## 身体の芯まで温まる

　盗賊の石川五右衛門を豊臣秀吉が釜茹でにしたという俗説から生まれたのが五右衛門風呂の謂われ。鉄製の底の上に木の桶を載せた"五右衛門風呂"と、釜が全部鉄製の"長州風呂"の2種類に分かれるが、今でも使われているのは"長州風呂"の方だけで、これを五右衛門風呂と呼ぶようになった。

　五右衛門風呂は鉄の鋳物製の釜の下から直接火を焚いて沸かす。釜が熱くなるので、浮き蓋の上に乗り、バランスよく身体ごと沈める。背中や手を釜に触れないようにする。バランスを崩して熱い思いをすることはあるが、火傷には至らな

い。釜が黒く熱いので、遠赤外線効果で身体の芯まで温まる。普通の風呂とは歴然とした差がある。

## 五右衛門風呂は何でも燃せる

　五右衛門風呂の最大の利点は何でも燃せること。薪はもちろん、端材でも紙屑でも段ボールでもプラスチック[*1]でも……可燃物ならなんでも燃料になる。

　日本人の可燃ゴミ排出量は1人1日当たり918g。4人家族なら3.7kgで、発熱量は約100MJ(メガジュール)[*2]。一方、給湯のために消費するエネルギーは1世帯当たり1日88MJ[*3]。つまり、風呂をも含めた給湯のための燃料は可燃ゴミだけで賄えるという計算になる。だから、可燃ゴミを捨てるよりは、風呂の燃料にした方がいい。五右衛門風呂なら、可燃ゴミを燃料にできる。つまり、風呂の燃料費をタダにできると共に、温室効果ガス排出量をもゼロにできる[*4]。

　ところで、1人1日918gもの可燃ゴミ排出量はあまりに多い。何とかして早く減らさなければならない。言うまでも無いことだが。

## 太陽熱温水器との組み合わせが理想的

　計算上は、可燃ゴミだけで給湯を賄えることになるが、実際には効率の問題や、ゴミの量のバラツキの問題で、可燃ゴミだけで給湯のエネルギーを100%賄うことは難しい。

　太陽熱温水器と五右衛門風呂を組み合わせれば、年間を通して60%くらいは太陽熱で、残りの40%くらいは可燃ゴミで風呂をわかすことができる。40%であれば、現実的に可燃ゴミだけで賄えそうだ。太陽熱温水器が無い場合には、可燃ゴミだけでは足りないことが多そうなので、タダで得られる雑木や廃材で補いたい。燃料費はタダになり、温室効果ガス排出量もほぼゼロにできる。

---

＊1　塩ビ(塩化ビニリデン)のような環境ホルモン物質のプラスチックを燃すことは避ける。PE(ポリエチレン)製のラップや袋、PP(ポリプロピレン)、PET、発泡スチロールは燃しても差支えないが、サランラップやクレラップのような塩ビ製のラップは避ける。塩ビ管も避ける。
＊2　環境省website「一般廃棄物の排出及び処理状況等について(2021年3月)」。
　　　1MJ＝240kcal(キロカロリー)＝0.28KWH(キロワット時)
＊3　経済産業省「エネルギー白書2022」より算出。発熱量というのは、燃した時に発生するエネルギーの量のこと。
＊4　可燃ゴミは再生可能エネルギーとカウントする。

# #14 調湿換気

### 非電化で湿度を調整してカビと絶縁

**自作の非電化換気装置（非電化工房内）**：回転する板をスプリングで右回りに、床下設置のナイロン糸で左回りに引っ張る。室外の湿度が高いとナイロン糸が緩み、板は右回りに回転して孔を塞ぐ。室外が乾燥していると逆回りに回転して孔は開く。

## エアコンのエネルギーの半分は除湿に使われている

いまさら言うまでもないが日本は湿度が高い。湿度が高いのでカビやダニが繁殖し、それがアレルギーを引き起こす原因の一つになっている。今や、日本の人口の約半分が何らかのアレルギー疾患に罹患しているという[*1]。

冷房のために使われるエアコンの消費電力の52%（平均値）は、実は除湿のために使われている。電気除湿器も家庭の消費電力の1.4%を占めている[*2]。だから、湿度が高いということは、アレルギーの原因になったり、不快指数を高めた

りするだけではない。エネルギー消費の、ひいては温室効果ガス排出の大きな原因にもなっている。

## 正倉院や桐箪笥はスゴイ！

　正倉院には聖武天皇の御物が千年以上も保管されているが、虫にも喰われずカビも生えないそうだ。校倉造りのお陰だ。桐箪笥に仕舞っておくと絹の和服も虫に喰われない。湿度が高いと桐が膨張して湿気の侵入を許さない構造のお陰だ。校倉造りと共通している。我が家にも桐箪笥がある。聖武天皇ならぬ僕の和服は40年以上経っても確かに傷んでいない。

## 校倉造りを真似してみた

　校倉造りや桐箪笥の真似をしてみた。写真に示すような換気孔を床に設置する。回転する板をスプリングで右回りに、床下設置のナイロン糸で左回りに引っ張る。室外の湿度が高いとナイロン糸が緩み、スプリングに引かれて板は右回りに回転して孔を塞ぐ。室外が乾燥しているとナイロン糸が縮んで板を引く。板は逆回りに回転して孔を開く。

## カビは生えなくなった

　つまり、室外が乾燥している時には換気孔は開き、湿度が高い時には閉じる。年間を通した室内の湿度は低く保たれる。非電化工房の多くの建物には、この換気孔を設置してある。敷地内に池や川があり、湿度が高い場所なのだが、カビは生えない。ダニは住み込み弟子の合宿所で2015年に1度だけ発生した。

　ナイロン糸が70円、ステンレスのスプリングが200円、アルミ板は余っていた端材、木も端材だったから、この換気孔の制作コストは270円だった。電気消費量はゼロ。15年くらいは使っている。途中で1度張力を調整しただけで律儀に動いている。

---

＊1　喘息・花粉症を含むハナアレルギー・アトピー性皮膚炎・食物アレルギーなどを総合した数字。リウマチ・アレルギー対策委員会報告書（2011年、厚生労働省）による。
＊2　エネルギー・経済統計要覧2017

# #15 グリンカーテン
## 美しさと涼しさを両立する方法

**自作のグリンカーテン（非電化工房内）：** ガラス窓の外に追加の開き戸を設置する。開き戸にはガラスは無く、底部にプランターが設置されている。

## 夏が暑い

　この頃、夏が暑い。だからエアコンをよく使う。エアコンが好きなのかと訊くと、「嫌いだから、なるべく使わないようにしているが、耐え難いときは使う」―― そういう人が圧倒的に多い。問題は耐え難い時が多すぎることだ。地球温暖化のせいも少しはあるが、多くは家の造りのせいだ。エアコンが無ければ生きてゆけないような家ばかりが建ってしまった。

## 夏涼しい家をつくる

　夏でも涼しい家をつくるのは、新築するならば難しくはない。僕自身、自宅でエアコンを使ったことはないが、我慢しているわけではない。家の建て方を工夫しただけだ。新築ではない家の場合には、どうしようもないかといえば、そうでもない。工夫すれば、ある程度は涼しくなる。エアコンを使う日数を半分くらいに減らすことはできそうだ。

## グリンカーテンを追加する

　例えば、グリンカーテン。南側の窓の外側に、観音開きの窓枠を追加する。この窓枠の下部には、プランターが置けるようになっている。プランターには夏に葉が茂る植物が植えられる。暑い時には水やりを多めにする。いたって簡単な構造だが、効果は大きい。茂った葉が日光を遮る効果に、水が蒸発する時に気化熱を奪う効果が加わるからだ。更に大きいのは、見た目の効果だ。涼しそうな上に、窓の外が緑で覆われ、木漏れ日が美しい。

　風が入ってこない時には、扇風機を窓際に置く。背を窓に向けて風を室内に送るようにすると、涼風が入ってくる。グリンカーテンが邪魔な時には開いて留めておく。1か所の窓当たり材料費3,000円程度でできる。

## #16 薬缶
### や　かん
### 燃料費半減の不思議薬缶

**不思議薬缶（非電化工房製）**：普通の薬缶の周りを素焼きの粘土で囲う。薬缶と粘土の間は1cmほどの間隔をあける。お湯が沸く時間と燃料消費量を約半分に減らせる。

## 電気ポットは電気冷蔵庫よりも電力を消費

　お湯を沸かすのに電気ポットを使う人は30.2％[*1]。"押すだけ"で、設定した温度のお湯がいつでも出てきて便利だ。この便利さのために、頻繁に追い炊きする。追い炊きのためのエネルギーは最初の沸騰までのエネルギーの約2倍を要する。2リットルの電気ポットと400リットルの電気冷蔵庫の消費電力を比べると、電気ポットの方が圧倒的に多い[*2]と言うから驚く。

## 電気ケトルの方が効率が良い

　電気ポットをやめて電気ケトルにする人が増えている。最近の電気ケトルの普及率は43.4%と、電気ポットを圧倒している[*1]。電気ケトルは使う都度お湯を沸かす。電気ポットと違って保温はしない。しかし、追い炊きのためのエネルギーが要らないので、24時間の電力消費量は電気ポットの半分程度におさまる。

## 温室効果ガス排出量は多い

　電気ケトルのお湯を沸かす効率は62%程度だ[*3]。因みに、薬缶でお湯を沸かす効率は50%を下回る。しかし、温室効果ガス排出量は、ガスや石油で薬缶のお湯を沸かす場合に比べると、電気ケトルの方が3倍くらいになる。なぜかと言うと、温室効果ガス排出量は1次エネルギーの消費量にほぼ比例するからだ[*4]。光熱費も1次エネルギーにほぼ比例するので、電気ケトル使用の場合の光熱費は薬缶でお湯を沸かす場合に較べて約3倍になる[*5]。

## 不思議薬缶を作ってみた

　薬缶でお湯を沸かす効率が50%以下なのは、熱エネルギーが周りの空気中に逃げてしまうからだ。この損失を少なくする薬缶を作ってみた。構造は単純で、薬缶の周りに1cmくらいの隙間をあけてトタン板を巻いただけだ。これだけのことで、空気中に逃げるエネルギーを減らせる。実験してみるとエネルギー消費量を40%ほど減らせた。お湯を沸かす時間も40%ほど減った。材料費は200円くらいだった。

　トタン板の替わりに素焼きの粘土を被せてみた。素焼きの粘土と薬缶は1cmほどの間隔をあける。そうすると、エネルギー消費量と所要時間を更に10ポイン

＊1　2023年1月14日、日刊工業新聞
＊2　藤村靖之『愉しい非電化』(洋泉社)
＊3　ティファール社のwebsite
＊4　1次エネルギーというのは、電力やガスや石油を生み出すときのエネルギーのこと。ガスや石油は家庭での消費エネルギーと1次エネルギーはほぼ等しい。電力は、発電ロスや送電ロス、変電ロスなどを伴うので、1次エネルギーは家庭で消費するエネルギーの約3倍になる。厳密には、ガスや石油を精製したり搬送したり貯蔵するためのエネルギーが加算される。
＊5　ガスコンロや石油コンロで薬缶のお湯を沸かす場合の話。電熱器やIHクッキングヒーターで薬缶のお湯を沸かす場合には、電気ケトルの方が薬缶よりもやや優る。

トほど減らせる。つまり、エネルギー消費量を半減できる。

## 可能性は大きい

　薬缶のままでも、電気ポットに較べれば温室効果ガス排出量を約6分の1に、電気ケトルに較べれば3分の1に減らせる。上述の不思議薬缶なら、更にその半分に減らせる。電気ポットと電気ケトルでお湯を沸かす人が74%もいることを考えると、薬缶はもっと見直されてもいいと思う。

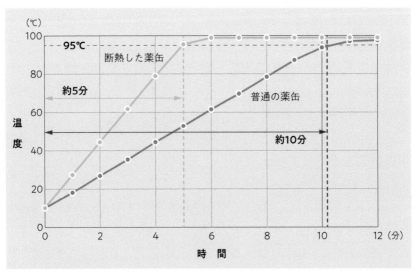

**不思議薬缶の実験データー**：トタン板で囲っただけでも時間を40％短縮できた。素焼きの粘土で囲うと50％短縮できた。

# #17 湯たんぽ

## 省エネ優等生の湯たんぽ

**鉄製湯たんぽ:** 鉄製湯たんぽなら100℃近くのお湯を入れられる。朝まで十分な温かさを供給してくれる。写真は薪ストーブの上で加熱中の鉄製湯たんぽ。

## いい夢を見る湯たんぽ

　私事で恐縮だが、16年前に葉山町から那須町にアトリエを移した。温暖な葉山と違って那須町の冬は本当に寒い。この寒い冬を愉しく過ごす方法をタクサン考えて、タクサン試みた。上手くいったことの一番は湯たんぽだ。12月から3月まで世話になっている。

　鉄製の湯たんぽを使うので、100℃近くまで沸かしてから布団に入れる。朝に起きる頃には45℃前後まで温度が下がっているが、この温度変化がほどよいようだ。寝つきが良くなる上に、朝は心地よく目覚める。いい夢を見ることが多いが、きっと睡眠状態が良いのだろう。

## 湯たんぽは合理的

冬の暖房は薪ストーブを使うので、人数分の湯たんぽを薪ストーブの上に置いておく。寝る前には100℃近くまで温まっている。湯たんぽの湯にエネルギーが蓄えられた分だけ薪を余分に消費しているわけだが、朝まで部屋を暖め続けるのに比べると、薪の消費量は10分の1程度におさまる。布団という断熱材に囲まれている中で密着して身体を温めるのだから、エネルギー消費量が少ないのは当然だ。媒体として水を使うのも理に適っている。なにしろ水の比熱は地球上にある物質の中で最大[*1]なのだから、エネルギーを蓄えるには水が一番いい。

## 低温火傷にご注意

鉄の湯たんぽには高温度の湯を入れるので、必ず厚い布袋に入れて使う。50℃くらいでも長時間身体に接し続けると低温火傷に見舞われる。高温火傷と違って、低温火傷は身体の奥まで届き、時には骨を痛めることがあるので、注意を要する。湯たんぽは、身体から少し離して使うのがいい。

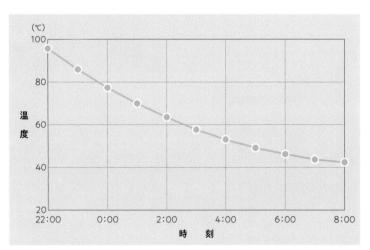

**湯たんぽの温度**：はじめ95℃だった温度は10時間後には42℃まで下がっていたが温かった。

---

*1　重さ1gの物の温度を1℃上げるのに必要なエネルギーの大きさを水と比較して表した数字を比熱と言う。水を基準とするので水の比熱は1.0。鉄は0.11、銅は0.091。比熱の単位として【ジュール/g・℃】を使うこともある。この単位を使うと水の比熱は4.18、鉄は0.442となる。いづれにしても、水の比熱が最大。

## #18 ハクキンカイロ
### 世界に誇る日本の発明

**ハクキンカイロ**：燃焼ではなく、触媒反応で発熱させるので温度一定で安全。ベンジン1ccあたり1時間くらい80℃を保つ。

## 絶妙なメカニズムで発熱

　ハクキンカイロは絶妙なメカニズムで発熱する。燃料を燃やすのではなく、気化した燃料が白金触媒の作用で酸化し、炭酸ガスと水蒸気に変わる。そのときに発生する酸化熱を利用する。発熱量が極めて高く、ベンジン（原油から分留した主に鎖状炭化水素からなる混合物）1cc当たり11,500カロリーもの熱エネルギーを放出する。燃焼と違って、ただの酸化反応だから、安全に、安定的に、長時間にわたって熱を放出し続ける。標準の大きさのハクキンカイロの場合、20ccのベンジ

ンを入れると、約24時間の間、途中で消えることなく、ほぼ一定の温度(反応温度は130〜350℃。カイロ表面温度は60〜80℃)を保ち続ける。使い捨てカイロと違って捨てる部分は無いから、エコロジーという点でも優等生だ。

## 世界に誇る発明

　この絶妙なメカニズムは1923年に的場仁市氏によって発明され、同氏が創業した株式会社ハクキン(創業時は矢満登商会、大阪市)から発売された。発売以来、世界中から絶賛されて愛用された。日本が世界に誇る数少ない発明の一つだ。

## 服の内側から温める

　カイロは、暖房とは異なり、服の内側から温める。断熱性の高い衣服で囲われているので、きわめて効率良く身体を温める。1時間当たりベンジン1ccで身体は温まる。条件によって異なるが、エアコンやガスFF暖房機などで部屋全体を温める方式に較べると、燃料消費量は100分の1以下で済む。

## 一部を温めれば全身が温まる

「外出時ならいざ知らず、室内でもカイロなんて貧乏臭い。それに一か所だけ温めても身体全体は温まらない」と思われるかもしれないが、人間の身体の中は大量の血液が高速で循環している(25秒くらいで体内を一周する)から、一部を温めれば全体が温まる。慣れれば貧乏臭くもなく快適だ。

# #19 井戸水冷房
## 電気代ゼロの冷房術

**井戸水冷房**：井戸水の温度は年中変わらない（14〜16℃くらい）。汲み上げた井戸水で熱交換器を介して部屋の空気を冷やす。冷やした後は元の井戸に戻すので、水の使用量はゼロ。電力を少し使う。

## 井戸水の温度は年中変わらない

　関東平野、濃尾平野、大阪平野では井戸水の水温は16〜18℃、年間の温度差は1℃以内であることが一般的だ[1]。北に位置するほど井戸水の温度は低くなり、南に行くほど高くなる。また、井戸の深さが浅いほど、年間の温度差は大きくなる。

---

＊1　日本地下水学会websiteによる

## 井戸水で冷房する

　井戸水の温度が年中変わらないということは、夏には冷房に、冬には融雪などに使えることを意味する。井戸水で冷房する方法はいくつかある。最も多く実用化されているのは「地下水利用ヒートポンプシステム」[*2]だが、大規模な工業的システムなので、家庭向きではない。家庭用としては「直接熱交換方式」[*3]が多く利用されているが、室内の湿度を高めてしまうという課題がある。

　「(間接)熱交換方式」が、家庭向きで、室内の湿度も高めないのでお薦めしたい。施工を請け負う企業[*4]もあるが、個人で作って愉しんでいる人[*5]もいる。汲み上げた井戸水を室内の熱交換器(ラジエーター)を通して、そのまま井戸に戻してしまう。規模が大きい時には汲み上げ井戸とは別の還元井戸に戻すのだが、コストが掛かる。僕たちは元の汲み上げ井戸に戻してしまう。井戸の帯水層が小さいのに大量に汲み上げて戻すと水温が上がってしまうので、このやり方は家庭用の小規模に限られる。

## ラジエーターは2種類

　ラジエーター(熱交換器)には、強制対流式と自然対流式の2種類がある。前者は電動ファンで送られた空気を、熱交換器を介して井戸水で冷やす。熱交換効率は高いが、電動ファンの動力代がかかってしまう。同程度の冷房能力のエアコンの動力代の10分の1程度を覚悟する必要がある。後者は電動ファンを使わずに部屋の空気を冷やすので、熱交換器の面積を前者の10倍くらいに大きくする必要がある。この方式は輻射冷房と呼ばれることもある。効率は悪いが電力を使わないし、音もしない。ファンを使わないので、冷気を送ることができない。冷たい空気は下に移動するので、熱交換器は軽い2重パネルで作って天井や壁の上部に取り付けることが多い。

---

[*2]　一般のエアコンではコンプレッサーで冷媒ガスを圧縮し、室外機を介して空気で凝縮器を冷やす。地下水利用ヒートポンプでは、熱交換器を介して地下水で凝縮器を冷やす。

[*3]　シャワーで噴霧した水の間を空気が通る。水の一部は蒸発するので、気化熱を奪われて空気は冷やされる。空気の湿度は高くなる。

[*4]　PFC(埼玉県)、JCP(千葉県)、カナイワ(石川県)、コイデン、スマートライフ・エコロジー(大分県)など

[*5]　www.netpc.jo/toshio/

# #20 薪ストーブ
## ロマンチックで地球に優しい暖房術

**薪ストーブ（非電化工房内）**：バーモントキャスティングス社製の薪ストーブ。3次燃焼までさせて、燃焼効率を85%まで高めている。

## 薪ストーブはロマンチック

　薪ストーブの揺らぐ炎を見ていると心がなごむ。だから薪ストーブが好きな方は日本にもたくさんいらっしゃる。但し薪ストーブの世帯普及率は1%にも届かず、英国の20%には遠く及ばない。

　さて、薪ストーブの構造は、鉄の箱に煙突を付けて薪を燃すだけといういたって簡単なものだ。しかし、煙を出さずに、つまり完全燃焼させて熱を室内に上手に伝えるというのは案外に難しい。それを発明したのが有名なベンジャミン・

フランクリンで、1760年ごろのこと。以後、それはベンジャミン・ストーブとして、世界中で使われるようになった。今日では、電気の力で燃焼を制御する方式の薪ストーブも出回っているが、基本構造はベンジャミン・ストーブそのものだ。因みに薪ストーブは暖炉とは似て非なるもので、暖炉の暖房効率は20％にも届かない。

薪ストーブは重厚感のある大型のものが多く、ほとんど輸入品で、工事費を入れると数十万円以上と高価なのだが、3万円くらいの安価な国産品もある。煙突工事も、ホームセンターで部品を購入して自分で組み立てれば2万円で収まる。

## 消費エネルギーが少ない

部屋全体を暖めるエアコン方式と違って、薪ストーブは部屋全体を暖めない。昔の火鉢や囲炉裏と同じ輻射式だから*1、部屋全体の温度は低くても、ストーブのそばに行けば暖かい。だから、消費エネルギーもエアコン方式と較べて段違いに少ない。

部屋全体の温度は低いから、室内でも冬はセーターくらいを羽織ることになる。冬でもTシャツ姿でアイスクリームを食べるエアコン方式とは根本的に違う。日本の場合、冬でも相対湿度は平均70％くらいと高いのだが、エアコン方式のように部屋全体の温度を高くすると相対湿度は低くなる。エアコンを使うとアイスクリームを食べたくなるのは喉が渇くからだ。

また、部屋全体を暖めるエアコン方式では、換気をするとエネルギーが逃げてしまう。だから、エアコン方式は本来的に「高気密・高断熱・低換気」の建物とセットだ。薪ストーブだと煙突から出て行く分の空気をどこかから吸い込む必要があるので、必然的に中気密・高換気になり、健康に良い。

## なぜか人が集う

薪ストーブが放出する輻射熱は距離の自乗に反比例して弱くなるから、そばに行かなければ暖かくない。そこで人は自然にストーブの周りに集うことになる。

この「薪ストーブだと集う」というのが、僕が薪ストーブを好む一番の理由かも

---

*1　前面は輻射式、側面は対流式の薪ストーブもある。

しれない。部屋全体の照明は暗めにして、ロウソクなんかを立てたりすると、なぜか人に優しい気持ちになる。そしてなぜかワインが美味しくなって、人と人とが親しくなる。

　逆に部屋中、あるいは建物中が暖かいと、なぜか部屋中を明るくして、人は離ればなれになってしまう。


## クッキングストーブは美味しい

　キッチンやダイニングの暖房にはクッキングストーブを使うのがお薦めだ。クッキングストーブがあると、シチューのように、時間をかけて煮込む料理が多くなる。暖房のためにストーブは焚き続けているので、調理の時間やエネルギーを気にしないでいいからだ。

　グツグツと煮込んだアツアツの料理を、薪の炎を見ながらいただく。ワインがあれば言うことはない。至福の時間だと思う。

**クッキングストーブ（非電化工房内）**：上段で薪を燃す。天板は熱くなり煮炊きができる。下段はオーブン。側面と背面は対流式になっていて、暖かい空気が上方から出てくる。ダンパーを切り替えると、下段のオーブンが熱くなる。

## #21 付け窓
### 簡単にできる家の断熱

**付け窓**：従来の窓の内側（時には外側）に窓枠ごと窓を付け足す。窓の断熱をよくするだけではなく、美しさもアップする。

## 家を暖かくする

　既設の家を暖かくする方法はタクサンある。例えば「付け窓」。冬の寒さを防ぐと同時に部屋を美しくする。そもそも冬に部屋が寒いのは、1）窓に隙間、2）窓ガラスが一重、3）窓から放射冷却が起きている、4）窓でコールドドラフトが生じている、5）壁の断熱性が低い、6）床の断熱性が低い……、以上終わり。部

屋を暖房しても温まらない場合は、天井の断熱性が低いという7）が加わる。

## 窓の断熱が決め手

　1）の隙間は、「隙間テープ」あるいは「隙間シール」が何種類も売られている。ケースバイケースで適切なものを選べば隙間風は防げる。となると2）の「窓の断熱」がポイントになる。一重ガラスの窓の断熱は大雑把に言うと壁の10分の1程度なので、壁の断熱アップを先にやっても意味が無い。ペアーガラスに取り替えてしまえば、効果は大きいのだが、サッシごと替えることになるので、高額だ。90cm×90cmの場合を例にとると、ペアーガラスだけの価格は2〜3万円だが、サッシごとの交換だと10〜20万円くらいが相場だ。

## アートな付け窓を自作する

　そこで、アートな付け窓を自分で作って取り付ける。まずは窓枠を作って既存の窓の内側に取り付ける。この窓枠に自作の窓を取り付ける。内側観音開きでも、引き違い戸でもいい。上下スライド窓でもいい。そして、美しく塗装する。なるべく明るい色がいい。これで二重窓になるから、断熱性は格段によくなる。オシャレな窓にすれば、部屋全体が美しくなる。そもそも窓というのは、外が見えればいい、光が入ってくればいい……という機能だけのものではないはずだ。明るい未来が見え、希望が入ってくる……それが窓でありたい。

## 厚目・長目のカーテンを吊るす

　部屋が寒い理由の3番目と4番目は、窓からの放射冷却と窓のコールドドラフトだ。窓からの放射冷却というのは、窓ガラスを通して室内から室外に向かって赤外線が放射されて、室内が寒くなることだ。放射冷却は厚手のカーテンまたはロールスクリーンで十分に防げる。コールドドラフトというのは、窓ガラス内側付近の空気が冷やされて、下向きに移動して部屋を寒くすることだ。上縁にも下縁にも隙間ができないように、丈の長いカーテンを付ければ、コールドドラフトは防げる。

# CATEGORY 2

調理・保存

# 身近で大きなテーマ

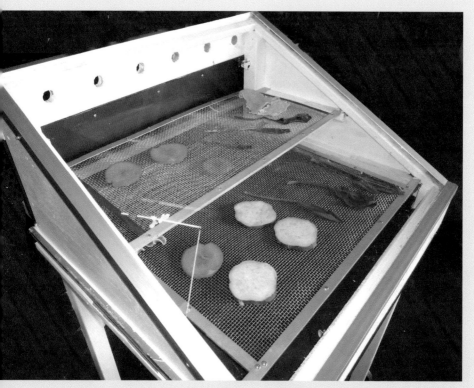

調理・保存：家庭用のエネルギーの18%、水の18%が調理と保存に使われている。しかも無駄な使われ方が多いので、CO$_2$排出量を減らす上でも、支出を減らす上でも宝の山だ。写真はソーラーフードドライヤーで乾燥中の野菜。

## 調理・保存のエネルギー消費は大きい

　日本の家庭で消費されるエネルギーの10.7%が調理用だ。これに電気冷蔵庫の7.1%を加えると約18%になる[*1]CO$_2$排出量は年間一人当たり1,100kgに相当する。地球を冷やす上で、調理と保存は身近で大きなテーマだ。

## 少ないエネルギーで美味しく

　エネルギー消費量が減っても、不味くなったり、支出が増えたりでは幸せ度が下がる。そうではなくて、美味しさがアップし、支出はダウンするアイディアがいい。ついでに言えば、雰囲気の美しさも、健康も、家族仲もアップするのがいい。そうすれば幸せ度は確実にアップしそうだ。

---

*1　2020年実績。経済産業省「エネルギー白書」による。

# ソーラーフードドライヤー

**自然の恵みで生きる感性を実感する**

**ソーラーフードドライヤー(非電化工房製)**：野菜・果物・薬草・魚……保存できるだけではなく、美味しくなり、栄養も増す。都会に住んでいても自然の恵みで生きる実感を味わえる。

## ドライフードの燃料費は6分の1

　厚さ5mmの人参を180℃の油で揚げる。所要時間は約30秒。ドライ人参なら5秒で揚がる。所要時間は6分の1。燃料使用量も6分の1だ。味も濃くなって美味しいし、パリッとした食感も好ましい。そもそも、30秒も掛かるのは水分を蒸発させるのに時間を要するからだ。天日干しした人参は、水分を追い出してあるから、すぐに揚がる。

## 天日干しをやらなくなった

　天日で野菜や果物や魚を乾燥する。日本人なら誰でも知っていることだが、誰もやらない。面倒くさいからだ。

　天日で乾燥しようとすると1週間くらいはかかる。日が照ると外に出して、日が沈むと家に入れる。ダシタリイレタリは、昔の日本人には面倒臭くなかったようだが、今の日本人には面倒くさい。面倒なことをしなくても、イツデモドコデモ生鮮食品や冷凍食品が買える。他にやることがタクサンある。だから誰もやらなくなった。

## SFD（ソーラーフードドライヤーのこと）を作ってみた

　SFD制作ワークショップを時折開催する。太陽の光を上手に採り入れて食品に熱を加える。リフレクター（反射板）を加えるのがミソだ。自然対流の原理を使って温風が流れ、水蒸気を外に逃すようにする。構造は簡単だ。材料はホームセンターですべて手に入る。このSFDを使うと、日照時間中にドライフードが出来上がる。ダシタリイレタリは必要ない。

## ドライフードは美味しい

　例えばドライトマト。パスタやケーキに使ってみる。独特の甘みと酸味が加わって、美味しさに驚くはずだ。あるいは野菜炒め。普通だと野菜から味が染み出してボケた味になる。ドライフードにした野菜ならぼけない。野菜の味が濃くなり、格段に美味しい野菜炒めになる。妻の得意料理の一つはドライ人参とドライ蓮根のきんぴらだ。味が濃く、食感もよい。絶品だと思う。

## 長く保存できる

　野菜・キノコ・薬草・果物・魚……僕の妻はなんでもドライフードにしてしまう。ドライフードにすると長く保存できる。お陰で一年中、薬草茶やドライフルーツのグラノーラや魚の干物を愉しめる。もちろん冷蔵庫には入れない。つまり、冷蔵庫の消費電力が少なくて済む。

## 自然の恵みで生きる感性

　たかがSFDがあるだけで、自然の恵みで生きるという感性が培われているような気がするから不思議だ。調理や冷蔵庫の燃料消費量が減ることも大事だが、この「自然の恵みで生きる感性」の方がずっと大切だと僕は思う。

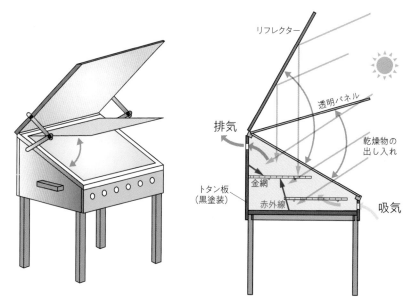

ソーラーフードドライヤー：直射日光、反射光、赤外線、室温の相乗効果でドライフードが短時間で出来上がる。

# 保温調理器でシチューを作る

## 燃料費6分の1で美味しいシチューを

**保温調理器:** 真空式保温調理器のパイオニアは日本のサーモスという会社。真空式魔法瓶のパイオニアでもある。調理の時間とエネルギーを数分の一に縮められるスグレモノだ。

## 温度を保てば煮える

　美味しいシチューを作る秘訣はよく煮込むこと……と誰もが思い込んでいる。だから、40分も1時間もエネルギーを与え続ける。本当は、エネルギーを与え続けることではなくて、必要なのは温度を保つことだ。だから、温度を一定に保てるなら、エネルギーを与え続ける必要はない。このことを実現したのが保温調理器だ。開発したサーモスという日本の会社の保温調理器"シャトルシェフ"は有名だが、もっと世界中で有名になってほしい。スグレモノだと思う。

## 燃料費は6分の1

保温調理器というのは、内鍋と真空断熱容器とでできている。内鍋を火にかけて煮立てる。煮立ったら直ぐに真空断熱容器に入れて蓋をする。真空断熱容器とは、金属の二重の容器の隙間を真空にして、熱が外に逃げないようにしたものだ。

例えば固ゆで卵をつくるとする。普通は鍋でお湯を沸かし、卵を入れて15分間煮立て続ける。保温調理器で固ゆで卵をつくる場合は、内鍋に卵と水を入れ、火にかけて沸騰したら内鍋に蓋をし、真空断熱容器に移して外蓋をする。待つこと15分で固ゆで卵が出来上がる。沸騰まで3分とすると、エネルギー消費量は普通のやり方の6分の1程度だ。

## 燃料消費10分の1でシチューができる

冬の夕食に温かいシチューは美味しい。心も温まる。だが、シチューを美味しくするには長く煮込まなくてはいけない……と多くの人が思い込んでいる。本当は長く温度を保てばよい。そこで保温調理器の出番だ。先ずは内鍋に具材と水を入れてガスコンロにかける。沸騰するまで加熱したら内鍋に蓋をし、真空断熱容器に移して外蓋をする。待つこと30分。美味しいシチューの出来上がりだ。長く煮込む時と較べると、燃料消費量は約10分の1だ。

### シチューが冷めない

保温調理器のすごさは燃料消費量だけではない。時間が経ってからでも温かいシチューを堪能できる。プロの調理人とは違って、家庭人は料理の段取りが悪い。何種類かの料理を順番に作るので、食べる時には全部冷めている。保温調理器を使うと、段取りが悪くても温かい。幸せ度は確実に上がる。

---

*1　2020年実績。経済産業省「エネルギー白書2022」による

**保温調理器でシチューを作る:** 燃料消費量は約10分の1。食べる時はいつも熱々。大事に使えば20年は使える。

# #24 圧力鍋
## 燃料消費量10分の1で美味しいご飯

**圧力鍋**：美味しいご飯が炊ける。燃料消費量は約10分の1。固い肉も短時間で柔らかくなる。圧力鍋でつくる肉ジャガは絶品。

## 6人の女性に圧力鍋でご飯を炊いてもらった

　6人の女性に集まっていただき、最新の電気炊飯器と圧力鍋（＋ガスコンロ）の両方でご飯を炊いて食べてもらった。普段は電気炊飯器を利用している方ばかりだ。食事の後で、「①どちらが美味しく炊けましたか？　②どちらが愉しく炊けましたか？」と質問したところ、6人共に「①圧力鍋の方が美味しく炊けた。②愉しさ・苦しさは同じ」という答が返ってきた。「では、普段はなぜ電気炊飯器を使うの？」という質問には、全員が「ウーン」と唸った後で「明日から圧力鍋に変える」と言って苦笑した。

## 原発3基分の電力を減らせる

　この6人、どうやら「ご飯は電気炊飯器で炊くもの」という思い込みがあったようだ。しかし、この話を笑い話として済ますわけにはいかない。なにしろ電気炊飯器のための電力は家庭用電力消費の3.4%を占め、日本全体では標準的な原発3基分もの電力を現実に消費しているのだから[*1]。

## 煮炊きが速くできるわけは

　普通の鍋や炊飯器で煮炊きをした場合、鍋の内部は大気圧と同じ1気圧だから、水は100℃で沸騰する。圧力鍋は内部の圧力を上昇させて沸点を高めるしくみになっている。メーカーによって多少違いはあるが、内圧が2気圧、沸点は120℃くらいだ。鍋の中が高温になるので、調理される材料は組織がゆるんで柔らかくなり、早く火が通る。例えば米のご飯の場合、炊き上がるのに要する時間は、98℃では約20分だが、120℃では5分ほどだ。

## 固い肉が直ぐに柔らかくなる

　堅いすね肉や乾燥豆腐、豆などは特に短時間で煮上がり、ほとんどのものは普通の鍋の3分の1以下の時間ででき上がる。

　火を消してから、しばらく（10分くらい）は100℃以上の温度が保たれる。この間も100℃以上で調理が持続される。このように圧力鍋では消火後もエネルギーが有効に使われるので火にかける時間はより短時間になり、同じくガスを使った普通の鍋に較べると、燃料費は4分の1以下に節約されることになる。電気を使った調理器に較べると、燃料費も一次エネルギー消費量も10の1以下に収まる。電気炊飯器では保温や待機電力のために、炊飯に相当するくらいの電力が消費されているので、一次エネルギー消費量は20分の1以下になりそうだ。もし日本中の電気炊飯器がガス圧力鍋に変わったとすると、原発3基分の電力が減らせる理屈になる。

---

*1　住環境計画研究所調査報告書

# 非電化冷蔵庫
### 星が見える夜にはよく冷える

**非電化冷蔵庫**：放射冷却の原理を使って冷やす。星が見える夜にはよく冷えるが、日中や曇天の夜には冷えない。

## 北海道の冬に冷蔵庫は変？

　2002年1月7日の朝日新聞に非電化製品の記事が掲載されてからというもの、2週間くらいは電話が鳴り止まなかった。写真が掲載されたので、冷蔵庫に関する問い合わせが一番多かった。「今直ぐ買いたい！」という、せっかちな方が5人いらっしゃった。5人とも北海道の人だったので、不思議に思って理由をお尋ねした。「北海道だから冬は雪に囲まれる。雪に囲まれているのに電気冷蔵庫というのは、なんか変だなと思っていたのだが、記事を見てこれだ！と思った」と異口同音の返答だった。

## 放射冷却の原理を使う

　非電化冷蔵庫の貯蔵室は金属でできている。貯蔵室の周りには水を充填する。水の上面は放熱板の下面に接している。放熱板は、赤外線を放射しやすい

金属で作られている。放熱板は複数の透明な板で覆われているために、外部の空気から熱は侵入しない。透明な板は赤外線が通過しやすい材料のものを使う。水の周りは断熱材で覆われているために、外部の空気からの熱は遮断される。

　こうすることによって、貯蔵物の熱は貯蔵室の金属を介して周囲の水に伝えられる。水に伝えられた熱は自然対流で上部に移動する。上部に移動した熱は放熱板に伝えられる。放熱板の熱は絶対温度の4乗に比例して外部に放射される。

　これで貯蔵物の熱は外部に放出される。外部からの熱は断熱材で遮断するので、庫内の水は冷えてゆく。

　ただし、実際には曇っている夜の日が多いので、水を大目にして、冷水をたっぷり蓄えるようにする。昼間は直射日光が当たらなくとも、散乱光が放熱板に入射してくるので、放熱板は温められ、接している水も温められるので、星が見える夜以外は蓋を被せておく。


## モンゴル遊牧民が喜んだ

　モンゴル遊牧民の人たちに非電化冷蔵庫を提供した。遊牧民は羊のみを食料にする。1頭の羊で一家の食事の7日分を賄えるはずなのに、夏は3日で腐ってしまう。家族のように大事にしている羊を腐らせて捨てるのは胸が痛いという。そこで、モンゴルでも安価に制作できる非電化冷蔵庫を作って提供した。日本に較べると、モンゴルの空は澄み切っているので、非電化冷蔵庫には有利に働いた。日中の外気温度は30℃くらいまで上がるが、冷蔵庫の中は4℃以下をキープできて、羊を腐らせて捨てることはなくなった。遊牧民たちは涙を流して喜んでくれた。

**モンゴル遊牧民のための非電化冷蔵庫**：遊牧にともなって移動しやすいように作った。日中の外気温が30℃くらいでも冷蔵庫内は4℃以下を保った。羊の肉もミルクも腐らせないですむようになった。遊牧民たちは涙を流して喜んでくれた。

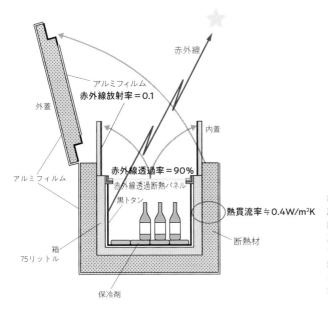

赤外線

アルミフィルム
赤外線放射率＝0.1

外蓋

内蓋

アルミフィルム

赤外線透過率＝90%
赤外線透過断熱パネル
黒トタン

熱貫流率≒0.4W/m²K

箱
75リットル

断熱材

保冷剤

非電化冷蔵庫（非電化工房製）：ワークショップで制作する空冷式非電化冷蔵庫。ホームセンターで購入できる部材のみで制作できる。曇りの日には蓋を閉じ、星が見える夜だけ蓋を開ける。

## 非電化冷蔵庫

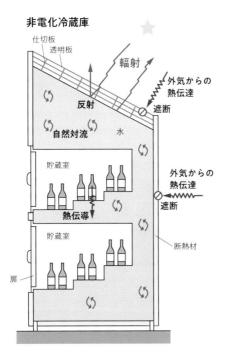

仕切板
透明板
輻射

反射

外気からの
熱伝達
遮断

自然対流

水

貯蔵室

外気からの
熱伝達
遮断

熱伝導

貯蔵室

断熱材

扉

非電化冷蔵庫（非電化工房製）：水冷式非電化冷蔵庫。200リットルの水で貯蔵室を囲む。金属の放射板の上側は天空に赤外線を放射する。放射板の裏側は水に接していて水を冷やす。冷やされた水は自然対流で下降する。

# ガラス瓶保存食

**#26**

## 冷蔵庫なしで美味しく保存

**ガラス瓶保存食**：冷蔵庫を使わず、旬の食材を安全に美味しく保存するには、ガラス瓶保存食が一番だ。写真は石蔵恵美さん制作のピクルス。3種のミニトマトをピクルスにした。恵美さんのピクルスは美味しい上に美しい。

## 冷蔵庫に保存するのは変だ

　ピクルスやジャムなど、ガラス瓶保存食にはだれもが世話になっている。自分で作って保存する……のは昔の話。メーカーが作ったものを買ってくるのが、今はほとんどだ。合成保存料入りがほとんどで、それを冷蔵庫に保管するのがほとんどだ。合成保存料や冷蔵に頼らなくても、旬の食品を長期間、美味しく保存できるのがガラス瓶保存食だったはずなのに……なんだか変だ。

## フランス女性はステキだ

　ガラス瓶保存食は、200年ほど前にフランスで始まった。200年たった今でも、自分で作って愉しむフランス女性が圧倒的に多い。合成保存料も合成着色料も使わない。冷蔵庫ではなくて、棚に美しく並べる。時には友だちにプレゼントする。なんだかステキだ。

## アメリカ人女性も愉快だ

　アメリカ人女性も、自分で作るのが好きだ。ポートランド在住のブルック・ウィーバーさんは「キャニング・クラブ」という交換会を主催している。自分で作ったものだけでは食べ飽きてしまうからだ。テストで不正をするカンニング（cunning）ではなくて、ガラス瓶保存食という意味のキャニング（canning）だ。お互いのレシピをカンニングするのではなくて、教え合う。月に1度の交換会には、60人くらいが参加し持ち寄ったキャニングは300個くらいになるという。なんだか愉快だ。

　旬の野菜や果物を、酢漬け、砂糖漬け、塩漬けにする。大事なことが3つ有る。先ずは旬のオーガニック野菜や果物を選ぶこと。2つ目は合成添加物ゼロで美味しく味付けすること。3つ目はアートにすること。長期保存できればダサくても……では貧しい昔に戻ってしまう。新しい豊かさの実現に、アートは必須だ。

## 保存の秘訣

　瓶にピクルスやジャムが入った状態で湯煎する。湯煎の温度は80℃〜90℃で10分ほど。これで、内容物の温度は70℃以上が保たれ、殺菌される。熱いうちに栓をしっかりしてから冷やす。この時に、上部に10mm程度の空気層を残しておく。ここに閉じ込められた空気が冷まされると、ボイル・シャルルの法則にしたがって圧力が低くなる。つまり負圧になる。この負圧が蓋を瓶に引き寄せるので、瓶は密封される。蓋の内側の瓶の上縁と接触する部分にゴムが焼き付けられたものを選ぶことと、空気層を10mm残すこと、この2つが長持ちの秘訣だ。ピクルスでもジャムでも、保存の秘訣は同じだ。

# #27 炭火コンロ
## ガスと炭のハイブリッドコンロはイイトコドリ

**ハイブリッドコンロ(非電化工房製)**:底が抜けた炭コンロをガスコンロの上に載せ、ガスの力で炭に点火する(写真上)。炭が十分に熾きたら底板(珪藻土製)に炭コンロを載せて、炭だけの力で煮炊きする(写真下)。炭の力が弱い時にはガスで補助する。

## 竹は環境優等生

　竹も木も再生可能エネルギーであることに変わりないが、竹の成長速度は木よりも桁違いに速いこと、だから竹をもっと有効に使いたいことを「#4竹と土の家」の項で述べた。竹を簡単に炭にできることを後(#52竹炭)で述べる。問題は、竹炭の用途が限られていることだ。ブラジルなら話は別だ。ブラジル人はシュラスコ(肉の丸焼き)を主食と言いたくなるくらいによく食べる。シュラスコは竹炭で焼く。だからブラジルでは竹炭の消費量が世界一多い。余談だが、ブラジルの竹は地下茎ではなく株だ。春に苗竹を植え付けると、秋には立派な成竹に育つ。

　日本ではブラジルのようにはいかない。もし竹炭を調理に使えれば話は変わる。前述のように、家庭用の消費エネルギーの10.7%は調理用なのだから。

## 台所で炭は使えない?

　僕たちが子供の頃は、調理の主役は炭だった。炊飯も煮炊きも湯沸かしも、すべてが炭と七輪だった。今、台所には炭と七輪のスペースは無い。

　炭を熾こすには時間が掛かる上に、炭火からは一酸化炭素も出てくる。だから炭はアウトドアのBBQにしか使われなくなった。

## 台所でも炭は使える

　台所で調理に炭を使うことを考えてみた。一酸化炭素が出ても大丈夫な処が見つかった。ガスコンロだ。上部にレンジフードが備わっているので、一酸化炭素を屋外に排出してくれる。ガスを使えば、炭を熾こすのにも手間が掛からない。

## 炭とガスのハイブリッドコンロを作った

　炭とガスのハイブリッドコンロを作ってみた。珪藻土製の七輪を底板の上あたりでカットして、炭コンロと底板に分けた。火加減を調節するために吸気孔の広さを変えられるようにしておく。灰がガスコンロに落ちないように、炭コンロの底にはセラミックパネルを敷く。以上で出来上がり。

## ハイブリッドコンロを使ってみた

　炭コンロに炭を入れて、ガスに着火する。炭が熾きたら、つまり赤くなったらガスを止める。炭コンロを底板の上に移す。炭コンロの上に鍋や薬缶を載せる。あとは炭火で煮炊きする。レンジフードの運転を忘れないようにするのが必須だ。首尾は上々……ではなかった。ガスコンロに較べて時間が掛かり過ぎる。実験で使った新しい薬缶の底が銀色であることに気が付いて、底面に黒色の耐熱塗料を塗ってみた。炭からの赤外線を吸収しやすくするためだ。今度の首尾は本当に上々。ガスコンロと大差がない時間で調理ができた。

# CATEGORY 3

水と洗浄

# いま水が危ない

**渓流（非電化工房内）**：海から蒸発した水蒸気は雲となり、移動して陸地に雨を降らす。雨は川となって海に戻る。この"大循環"は自然のエネルギーだけで行われるが、上下水道の循環には膨大な電力が使われている。

## 水道水は地球を温める

　家で水を使えば、そのための送排水と浄化、そして排水の処理にエネルギーが消費され、そのエネルギーが温室効果ガスを発生して地球を温める。つまり、水道水は地球を温める。どれくらいの温室効果ガスを発生するかと言うと、$CO_2$

換算で一人一年当たり約100kg。総排出量の1.3%に相当する。微々たる数字に思えるが、「＋1.5℃」を実現するためには無視できない大きな数字だ。

## 日本は世界一の水消費国

　国連食糧農業機関では、2025年までに全世界人口の3分の2が水不足に陥る可能性を示唆している。3分の2の中に日本は含まれていない。日本は水資源に恵まれているからだ。しかし、もし穀物や牛肉を国産に切り替えたとすると、日本も深刻な水不足に陥る。穀物1kgの栽培のためには水2,000kgが、牛肉1kgのためには水20,000kgが必要ということは、よく知られている[*1]。日本が輸入する穀物と牛肉のために輸出国で使われる水は輸入仮想水と呼ばれる。日本人一人当たりの一年間の水消費量634kgに輸入仮想水322kgを加え、穀物・牛肉輸出国の水消費量から輸出仮想水分を差し引くと、一人当たりの水の消費量は日本が世界一になる。つまり、日本が水不足でないのは、穀物と牛肉を輸入に依存しているからに他ならない。

## いま水が危ない

　温室効果ガスのこと以外にも水の問題は深刻だ。先ずは水不足の問題。安全に管理された水の供給を受けられない人が世界で約20億人もいる。汚れた水を主原因とする下痢で命を失う乳幼児は1日に900人を超すそうだ[*2]。次いで水質汚染の問題。地下水も河川水も海洋も汚染が激しい。水道水にも有機フッ素化合物PFAS、病原性原虫クリプトスポリジウム、マイクロプラスチックなどが存在する。これらの問題を論じ始めると際限が無いので、ここでは割愛する。

---

＊1　国土交通省 website (https://www.mlit.go.jp/mizukokudo/mizsei/mizukokudo_mizsei_tk2_000011.html)

＊2　日本ユニセフ協会 website ( https://www.unicef.or.jp/special/17sum/)

**池(非電化工房内)**:トイレの糞尿は合併浄化槽で分解されてこの池に放流される。この池の水は温められて水田に導かれ、溜池農業を可能にしている。池には魚や蛙が住み、白鷺やカワセミも訪れる。水位は堰で調整できる。堰を超えた水は川に流される。

# #28 雨水トイレ
## ウンチとオシッコは雨水で流す

雨水トイレ（非電化工房内）：屋根に降った雨水をタンクに貯め、水洗トイレに使う。タンクが空の時のみ自動的に市水に切り替える。タンクの容積が1㎥であれば、約80％を雨水で賄うことができる。

## 20年で72万円

「ウンチとオシッコを流すのに、月に幾ら払っている？」という問には、誰も答えられない。トイレ用も風呂用も洗濯用も炊事用も、まとめて2か月に一回、銀行自動引き落とし。だから、トイレのために幾ら払っているのか、誰も知らない。

しからば、教えて進ぜよう。トイレに使用する水は、月に7.6㎥で、2,464円。東京都で4人家族の場合だ（都の統計による）。上水道代と下水道代が半々だ。値上がり傾向なので、3年先を予想すれば、月に3,000円。20年で72万円。

## 雨水トイレをつくる

　そこで、「雨水トイレ」というのはどうだろうか。屋根に降る雨水をタンクに溜めておいて、ウンチやオシッコは雨水で流す。平均的な戸建て住宅の屋根に降る雨の量は年に約200㎥。この45%を使えばトイレ用の水はタダになる計算だ。

## 80%を雨水で賄う

　現実にはタダにはならない。雨は平均的には降らないからだ。東京都のデーターを使って計算すると、80%程度の雨水利用率になる。タンクの容積が1㎥の場合だ。タンクが空になったら、水道水に自動的に切り替わる。この程度の装置はワケなくできる。80%の雨水利用率だとすれば、20年間で節約できる水道料金はナント58万円だ。

## 材料費は5万円以下

　材料費はタンク代を除けば2〜3万円程度だ。タンクをまともに買うと10万円ほど掛かってしまう。だから、タンクをいかに安くあげるかがポイントだ。中古の受水槽などがねらい目だ。新品でも0.5㎥なら1万円で買えるので、これを2個使う手もある。

　日本は水資源が豊富……と思っている人は多い。しかし、それは昔の話。今は水が足りない。これからは、ますます足りなくなる。水道料金も高くなる。そもそも、ウンチやオシッコを流すのに、お金をかけて浄化した上水道の水を使うこと自体が、なんだか変だ。

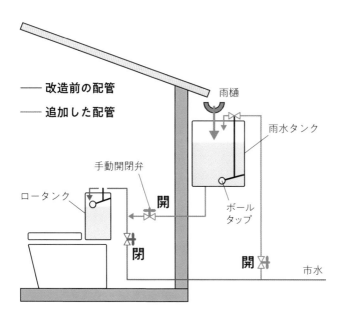

改造前の配管

追加した配管

雨樋

雨水タンク

手動開閉弁

ロータンク

開

ボール
タップ

閉

開

市水

**雨水トイレの構造**：既存の配管にタンクと赤色の配管を追加する。タンクの底
にボールタップを取り付け、タンクが空の時のみ自動的に市水に切り替える。

# 井戸掘り
## 女2人で2日で2万円で井戸を掘る

**アフリカで井戸掘り:** アフリカのナイジェリアで、母親たちと一緒に、お金を掛けずに掘った井戸（筆者撮影）。

## 水道代は高い

4人家族の場合の全国の月平均の水道代は6,465円[1]。これに下水道代が加わると約1万円。値上がりが続くので、先を見越すと月に12,500円。20年で300万円だ。

---

[1] 総務省統計局による2021年家計調査による

## 井戸掘り代も高い

　水道代がかかる上に、地球温暖化の原因にもなっていると聞くと、水道をやめて井戸にしたくなる。しかし井戸掘りを専門業者に頼むと100万円はかかる。うまく水脈に当たらないと2〜300万円かかる場合もある。これでは、いくら水道代がタダになると言っても井戸を掘る人は稀だ。

## 自分で井戸を掘る

　自分で井戸を掘れば話は別だ。水が出るまで掘っても2万円以下の費用で済む。井戸掘りワークショップをこれまでに6回開催した。「女2人で2日で2万円で井戸を掘る」というタイトルをつけて募集したら、毎回40人以上が参加した。安ければ井戸を掘りたいという人は、どうやら多いようだ。

## 浅井戸を掘る

　井戸は自分で簡単に安く掘れる。ただし、浅井戸に限られる。浅井戸というのは、雨が地面に沁み込んでできた第一帯水層から汲み上げる井戸のことだ。山の上から繋がっている被圧帯水層から汲み上げる深井戸ではない。第一帯水層は地表面から5〜10メートルくらいのところに溜まっていることが多い。だから、10メートルくらい掘ってみて水が出なかったら別な場所を掘る。掘るたびにお金がかかるのだと、水が出る前にお金が尽きてしまう。非電化工房流の井戸掘りは、水が出るまで掘り続けても2万円しかかからない。だから金切れしない。必ず水が出ると言ってもよさそうだ。

## 土は濡らせば柔らかくなる

　井戸掘りにお金がかかるのは、土が固いからだ。固い土に孔をあけるので、機械やエネルギーが必要になる。井戸掘り業者に頼むとお金がかかる理由だ。ところが、土は水に濡れると柔らかくなる。更に水を増やすと泥水に変わる。その泥水を移動すれば孔があく。エネルギーや機械は要らなくなる。

　手前話で恐縮だが、僕は発明家だから世界中をほっつき歩いて生きてきた。一番よく行くアフリカでは水で困っている国が多い。貧しい子供は水溜まりの水

**井戸掘りワークショップ（非電化工房）**：「女2人で2日で2万円で井戸を掘る」というワークショップを時おり開催する。毎回40人以上が参加する人気WSだ。

を飲んで命を落とす。そこで、お金を掛けないでも井戸を掘ることを考えて、アッチコッチで井戸を掘って喜ばれた。その経験があるので、お金を掛けずに井戸を掘るのは手慣れている。

　どうやって泥水を移動するか……という話は長くなるので省略する。興味のある方は、非電化工房の井戸掘りワークショップに参加していただきたい。

# #30 循環式手洗い器

## 水を循環して衛生的に使う

**循環式手洗い器**(非電化工房製):ペダルを踏むと蛇口から水が出てくる。排水孔からの水は濾過され、殺菌消毒されて繰り返し使われる。

## 水の大循環

　地球表面では、海から蒸発した水分が大気中で雲を形成する。この蒸発の過程で水は浄化される。雲は大気の動きに乗って移動し、陸地に雨や雪を降らせる。雨や雪の大部分は川となって海に戻る。誰でも知っている"水の大循環"だ。大循環のおかげで水は無くならない上に浄化される。逆に、海と陸地の汚染は進行する。本当は進行させてはいけないのだけど。

　余談だが、地球上に存在する水の総量は14億km³で、水の大循環量は年に4万6,000km³なのだそうだ[*1]。世界の水の消費量は年に約4,000km³だから、大循

環量の、つまり陸地に降ってくる雨の10分の1くらいを消費している計算になる[*1]。

## 家庭での水循環

　家庭でも、地球と同じように水を循環させれば、少しの水で済む。循環させるだけでは衛生的ではないので、浄化機能を付け加える。浄化機能としては、土砂による濾過や、人工的なフィルターが良く知られている。日本の水道やプールや温泉では次亜塩素酸ソーダが使われる。欧米の水道やプールではオゾンが使われる。

## 循環式手洗い器

　非電化工房のキャンプ場には、自作の循環式手洗い器が置かれている。足でペダルを踏むと、タンク内の水が蛇口から出てくる。排水はフィルターを通過してからタンクに戻る。タンクには次亜塩素酸ソーダが投入されていて、水を殺菌する。濃度は10ppm程度と、一般の水道水よりも少しだけ高く設定してあるので、手洗い用としては安心できる。

　手洗いの際に洗面器の外に飛び散る分しか水は減らないので、2週間に1回くらい水を入れ替えるだけで十分だ。水道を繋ぐ場合に比べると、水の消費量は数十分の1におさまる。水道管や排水などの設備は不要で、材料費は5,000円程度だった。この循環式手洗い器を野外のイベントで使うこともある。水道管を引いてくる必要がない循環式は重宝される。

## 循環式の可能性は大きい

　家庭で風呂の排水を循環利用することもできる。方法は循環式手洗い器と同じだ。ただしタンクは300リットルくらいの大きさにする。洗濯の排水を循環利用することもできる。タンクの容積は200リットル程度でよい。台所のシンクの排水を循環利用することも可能だが、飲料や炊事に使うので、フィルターの性能を高くする必要がある。ともあれ、水の循環利用の可能性は大きい。

---

*1　榧根勇「地球上の水の総量とその循環速度」『水利科学』11巻3号(1967年)

# 水のカスケード利用
## 水道代を半分にする方法

**#31**

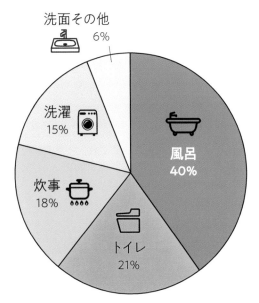

洗面その他 6%

洗濯 15%

炊事 18%

トイレ 21%

風呂 40%

**水の用途別使用割合**：東京都水道局による一般家庭水使用目的別実態調査（2015年度）

## 水道の用途は4つ

　家庭では、炊事・洗濯・風呂・水洗トイレに約4分の1ずつの割合で水道水が使われている。合計すると、4人家族の一世帯当たり年間に2,772㎥。一日当たりだと約7.6㎥になる[*1]。

　4つの目的が約4分の1ずつというのが上手い具合だ。風呂の残り湯を洗濯に、洗濯の排水をトイレに使うことができる。こういう使い方をカスケード利用と呼ぶ。カスケード利用によって、上手く行けば水道使用量を半分に減らせる。

## 風呂の残り湯

　風呂の残り湯を洗濯に使う人は既に多く存在する。バスポンプという商品も

---

*1　東京都水道局「2015年度生活用水実態調査」

ホームセンターには必ず置いてある。価格は2,000円程度。消費電力は20ワット程度。1回の洗濯(すすぎまでを含む)で30分ほど汲み上げをするので、消費電力量は10ワット時程度。電気料金が1日当たり3〜4円アップすることになるが、水道料金の節約分に較べれば十分に小さい。

　風呂の残り湯を洗濯に使う利点は水の使用量を減らすだけではない。風呂の残り湯は翌日になっても温かいので、洗濯物の汚れが落ちやすい。大雑把に言うと、洗剤の量を半分に減らせる。すすぎの回数も2回を1回に減らせる。

## 洗濯の排水をトイレに使う

　洗濯の排水を水洗トイレに使うこともできる。ウンチやオシッコを流すのだから、洗濯の排水で十分なはずだ。但し、洗濯とトイレのタイミングは一致しないから、洗濯排水を一旦タンクに溜めておく。洗濯機が2階に設置され、トイレが1階にあれば特別な水ポンプは必要ない。洗濯機もトイレも1階にある場合、あるいは洗濯機は1階でトイレが2階の場合には電動水ポンプを使ってタンクの水をトイレのロータンクに導く。ポンプの消費電力は微々たるものなので気にしないでいい。

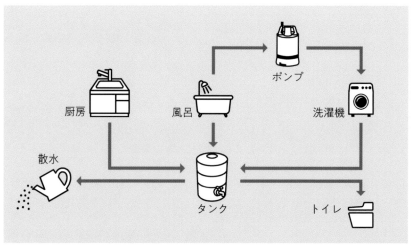

**水のカスケード利用**：風呂の残り湯を洗濯に、洗濯や風呂の排水をトイレに、厨房の排水を散水に利用すると、水の消費量を半分以下にできる。

# #32 ガラス瓶浄水器
## 安全な水を手作りで

**ガラス瓶浄水器(非電化工房製)**：ガラス瓶にヤシガラ活性炭を1.8リットル入れる。水道の水を下から入れて上から出す。化学物質はほとんど除去される。時おり蓋をあけて熱湯で殺菌する。カートリッジ交換は不要。ホームセンターで手に入る材料だけで作れるので、家庭でも制作できる。

## 水道の水の質は悪くなっている

　日本の水道事情は良くない。水質がますます悪くなっているので、処理にお金が掛かり過ぎる。だから水道料金が高い。これからは更に上がる。しかも美味しくない。塩素を混ぜすぎるからだ[*1]。ついには、塩素に耐性を持つ病原性原虫クリプトスポリジウムが上水に混ざって問題になったりしている。

## 浄水器の普及率は高い

　家庭用の浄水器の普及率は50%以上だ*²。ホームセンターに行けば、名だたる大企業製がズラリと並んでいる。なにも今さら自分で作る必要は無い……と思うかもしれないが、そうでもない。

　本格的な浄水器は10〜30万円する。年に約1万円のカートリッジ代がプラスされる。20年で計算すると、ざっと40万円だ。何年か使った浄水器を分解してみると、器やホースの中がヘドロのような状態になっていて驚くことがある。中で微生物が繁殖している証拠だ。

## 浄水器を自分で作る

　自分で作れば、材料費2万円程度で済む。カートリッジ交換は不要だから、20年で計算しても2万円。大企業製のものの20分の1だ。ならば、性能も20分の1以下かと言うと、そんなことはない。浄水器が化学物質を取り除く性能は、大ざっぱに言えば中に入っている活性炭の量で決まる。写真のガラス瓶浄水器は、活性炭を多分日本一たくさん入れてあるので、性能に遜色は無い。

## 安全は自分で守る

　せっかく自分で作るのだから、大企業ではできないことをやりたい。例えば、ホースも瓶も透明にしてしまう。中で不衛生なことが起きていれば一目瞭然だ。実は、ガラス瓶浄水器は、時々熱湯消毒する。瓶の蓋を緩めて、薬缶一杯の熱湯を注ぐ。夏は2週間に1回、冬は2か月に1回程度だ。これをサボると、ホースや瓶の中は黒や褐色や緑になる。その場合は、ホースや活性炭だけを交換する。2,000円程度の出費だ。

　時々熱湯を注ぐのは少し面倒くさい。面倒くさいけど、自分たちの安全を自分で守ることができる。お金もかからない。その気になれば自分で作れる。こういうものは大企業は苦手だ。

---

*1　正確には次亜塩素酸ソーダ(カルキ)を混ぜる。水中で遊離塩素となって殺菌力を持つ。水道の蛇口から出てくる水中の遊離塩素の濃度が0.1ppm以上であることが厚生労働省から強く求められている。
*2　日本食品分析センターwebsite( https://www.jfrl.or.jp/information/)

# #33 重曹を使う

## 合成洗剤は要らない。水と電力消費量も半減できる

**洗濯用粉末洗剤**：緑は重曹(軽い汚れ)、黄色はセスキ(中汚れ)、赤は炭酸ソーダ(ひどい汚れ用)。木のスプーンに1杯(5g)を洗濯機に入れる。すすぎは1回でよい。合成洗剤は不要になる。環境にも良い。容器は自作。

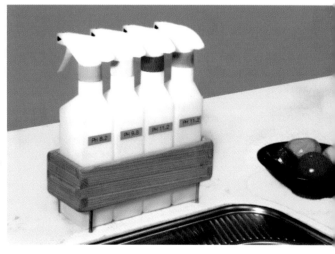

**台所用液体スプレー**：緑は重曹(軽い汚れ)、黄色はセスキ(中汚れ)、赤は炭酸ソーダ(ひどい汚れ用)。水200ccに対して2g程度を混ぜてある。食器やレンジフードなどに吹き付ける。合成洗剤は要らない。環境にも優しい。グレーは消毒用の過炭酸ソーダ水溶液。

## 合成洗剤は環境を破壊する

衣類の洗剤や食器・床・家具クリーナーには合成洗剤がよく使われる。合成

洗剤には合成界面活性剤や蛍光剤、軟化剤、安定剤などの合成化学物質が多く含まれ、生態系や肌を痛めつけている。汚れはよく落ちるが、複数回のススギを要するために、水の消費量の増大を招いている。

## 合成洗剤を使わなくても汚れは落ちる

軽度の汚れなら合成洗剤を使わなくても風呂の残り湯で落ちる。中程度の汚れは微温湯と重曹の組み合わせで落ちる。

## 初級篇は重曹

重曹はPH8.2*1の微アルカリ性なので、肌を痛めない。環境への悪影響も無い。重曹は安心して使えるが、汚れの落ち方も弱い。軽度の衣類の汚れ落としに向いている。水に溶けにくいので粒が残るが、粒がクレンザー効果を発揮するので、ご飯粒がこびりついた茶碗の洗浄などに向いている。

## 中級篇はセスキ

重曹と炭酸ソーダを1:1の割合で混ぜたものをセスキソーダと言う。PHは9.8*1で、重曹よりはアルカリ性が強い。アルカリ性が強い分、汚れも良く落ちる。中程度の汚れなら微温湯とセスキソーダで十分に落ちる。洗濯には水30リットルに対して小さじ1杯(5g)〜大匙半分(8g)程度でよい。セスキソーダの価格は1g当たり1円以下だから、合成洗剤よりはだいぶ安い。コンロ周りなどの油汚れにはスプレー容器にセスキ水を入れて、吹き付けて使う。水500ミリリットルに対してセスキソーダを小さじ一杯(5g)程度が丁度良い。

## 上級篇は炭酸ソーダ

炭酸ソーダのPHは11.2*1で、アルカリ性が強い。その分、汚れを落とす力は強い。肌を少し痛めるので、注意して使う。重曹やセスキソーダで慣れてから炭酸ソーダを使うというように、上級篇に位置づけてみてはいかがだろうか*2。

## 特別篇は過炭酸ソーダ

炭酸ソーダと過酸化水素を2:3の割合で混ぜたものを過炭酸ソーダと言う。炭酸ソーダは洗浄、過酸化水素は殺菌の役割を発揮する。

だから、洗浄と殺菌を同時に行いたい時には過炭酸ソーダを使う。例えば、生乾きの洗濯物の特有の悪臭。モラクセラ菌がはびこってしまったからだ。普通の洗剤で洗っても落ちない。60℃以上のお湯で殺菌してもよいが、過炭酸ソーダでも殺菌できる。水30リットルに対して過炭酸ソーダ粉末を大匙1杯(16g)程度が適量だ。悪臭はなくなる。

## 究極篇は無洗剤

衣類の材質の大部分はポリエステルか、ポリエチレンかアクリル、つまり化学繊維だ。これらの化学繊維は静電気を帯びやすい。静電気を帯びた衣類は汚れを引き付けるので、汚れが落ちにくい。木綿や麻は静電気を帯びにくいので、汚れが落ちやすい(#68「木綿の服を長く着る」参照)。大抵の汚れは微温湯だけで落ちる。頑固な油汚れでも微温湯と重曹の組み合わせだけで落ちる。

## 炭酸水もできる

余談だが、重曹で炭酸水を安く作れる。200ccの水に重曹とクエン酸を1gずつ混ぜるだけで炭酸水ができる。重曹もクエン酸も1g当たり1円以下なので、200ccの炭酸水が2円以下で作れる計算になる。

---

*1　石鹸百科 website(https：//www.live-science.com/honkan/partner/bicarbonate01.html)
*2　過炭酸ソーダという紛らわしいものもある。炭酸ソーダと過酸化水素($H_2O_2$)を反応させてつくられたもので、水に溶けると炭酸ソーダと過酸化水素に分かれる。過酸化水素は漂白効果があるので、非塩素系漂白剤として使われる。

# CATEGORY 4

農業と食べ物

# 新発想の農業が
# 進行している

**農業と食べ物：**農業と食べ物に関わる$CO_2$を減らしつつ、2050年には100億人に達する人口を支える食料を確保しなければならない。写真は非電化工房ソウル1期生の菜園。

## 農業と食べ物に関わる$CO_2$排出量は多い

　　農業分野の$CO_2$排出量は13.5％で、運輸に匹敵する[*1]。また、食べ物に関わる$CO_2$排出量は年間1人当たり1,400kgで、家庭からの排出量の18.3％を占める[*2]。だから、農業と食べ物に関して$CO_2$排出量を減らす意義は大きい。

## 増える人口を支える

　人口増加のペースは速い。現在80億人の人口は24年後には100億人になると予測されている。いま現在ですら食料は不足して、8億人が飢餓に苦しんでいる[3]のに、人口増加が更に追い打ちをかける。増える人口を支えながら、同時に環境問題も解決しなければならない。「有機農業だからいい」というレベルに留まっているわけにはゆかない。世界の耕地面積は20年で8.2%しか増えていない。日本に至っては1961年のピーク（609万ヘクタール）から年々減少して、2021年には435万ヘクタールにまで耕地面積が減少している。逆に、1965年に13.1万ヘクタールだった休耕農地は2015年には42.3万ヘクタールに増えている。

## 食品ロスは膨大

　一方、売れ残りや期限が近いなど様々な理由で、食べられるのに捨てられてしまう「食品ロス」は膨大だ。日本の食品ロス量は、年間522万トン。大型トラック（10トン車）約1,430台分の食品が毎日廃棄されているそうだ[4]。ロスをなくすことが強く求められる。

＊1　経済産業省「エネルギー白書2022」
＊2　「1.5℃ライフスタイル～脱炭素型の暮らしを実現する選択肢～（地球環境戦略研究機関）」
＊3　国連 World Food Program の website（https：// ja.wfp.org/global-hunger-crisis
＊4　農林水産省 website（https://www.gov-online.go.jp/useful/article/201303/4.html）

# #34 鶏と暮らす
## 養鶏は多様性と循環性を愉しく実感できる

パッシブ・ソーラー・ハウスの鶏小屋(非電化工房製):2階建ての鶏小屋。パッシブ・ソーラー・ハウスの技法で、夏涼しく冬暖かい家になっている。そのせいかどうか分からないが、ここに住む8羽の鶏は一年365日卵を産み続けてくれる。

## 365日卵を産んでくれる

　非電化工房の鶏たちは、一年365日毎日一個ずつ卵を産んでくれる。しかも美味しい卵だ。鶏を飼ったことのある人たちは皆「嘘だろう！」と言う。鶏は年に7か月くらいしか卵を産まないのが普通だからだ。嘘ではない。本当に一年中卵を産んでくれる。一日中自由に歩き回っているので、ストレスが無いからかもしれない。あるいは、パッシブ・ソーラー・ハウスの鶏小屋のせいかもしれない。

**鶏(非電化工房)**：紅葉という種類の雌鶏。365日卵を産んでくれる。日中は放し飼いで、夕方から鶏小屋に戻り、朝に産卵する。写真は住み込み弟子の中園唯花。

## パッシブ・ソーラー・ハウスの鶏小屋

　パッシブ・ソーラー・ハウスというのは、電力などの動力や燃料を使わずに、自然の原理だけで夏涼しく、冬温かい家のことだ。鶏だって、夏に涼しく冬温かい方が好きなのだろうと思って、この小屋をつくった。夏は涼しく冬は温かい。二階建ての木造住宅だ。骨組みは2×4材だけでつくる。壁や床は合板を使う。断熱材は籾殻を詰めた。米を自作するので籾殻はタダだ。米を作っていなくても、田舎なら籾殻をタダでもらえる。

## 多様性と循環性を実感できる

　鶏たちの食べ物は、僕たちの残飯や敷地内の野草やミミズだ。産んだばかりの卵を見ていると「神秘だな！」と、いつも感心する。僕たちは、もっと立派なものを食べているのに、汚い糞をするだけだ。鶏たちは残飯を食べて、立派な卵を毎日産む。鶏の糞もすごい。僕たちは有機農業をやっているので有機肥料(堆肥)づくりに手がかかる。堆肥は栄養分が1%程度と希薄なので、大量につくらな

けなければならない。鶏糞は栄養分が10%くらいあってスゴイ。多様性と循環性を愉しむには、鶏と暮らすのが一番だと僕は思う。

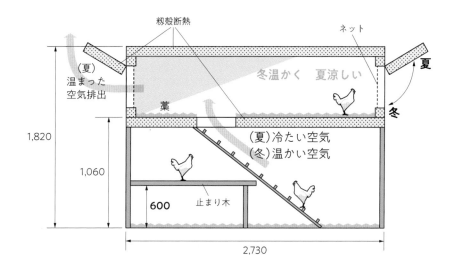

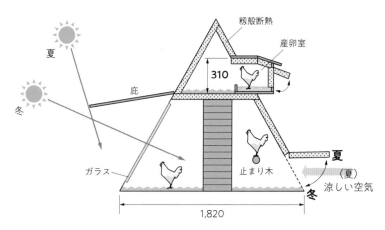

**鶏小屋の構造(非電化工房)**：冬の低い日差しは1階の空気を温める。暖かい空気は自然対流で2階に昇り、断熱材で囲まれる。夏は涼しい空気を背面から採り入れ、自然対流で2階側面の出口から排出する。

## #35 森林農業
### 究極のエコ農業かもしれない

森林農業(非電化工房内):広葉樹の森林で野菜や穀物を栽培する。太陽光が木の葉と落ち葉で適度に遮断される。土壌は柔らかく、水分と栄養分が豊富なので、耕起・施肥・水遣りを必要としない。写真は森林で栽培中のキャベツ。

## アグロフォレストリー

　アグロフォレストリー(森林農業)が、地球温暖化防止に取り組む欧米人の間で期待が高まっている。アグロフォレストリーは目新しい農業ではない。現在世界には、熱帯地方を中心に1億ヘクタール近いアグロフォレストリーが存在する[1]。世界の耕地面積の0.8%、日本の耕地面積の23倍に相当する[2]。

---

*1　農林水産省website(https：//www.rinya.maff.go.jp/)の2020年のデーターによる。
*2　世界の耕地面積は12.44億ヘクタール(2019年)、日本の耕地面積は435万ヘクタール(2020年)。
世界の耕地面積は2000〜2020年の20年間で8.2%増加したが、日本の耕地面積は9.6%減少した。
世界の森林面積は40億ヘクタールで、1990〜2020年の30年間で1.8億ヘクタール(4.7%)減少した。日本の森林面積は2300万ヘクタールで国土面積の67.2%。

森林栽培の1億ヘクタールにはコーヒー（600万ヘクタール）とカカオ（800万ヘクタール）が含まれる[*3]。コーヒーとカカオは元々は森林で栽培されていたものが、収量を増やすために平地での栽培に切り替えられていった。短期的な収量は増えたが、急速に土壌資源を消耗するので、農地としての寿命は50年と言われている。森林栽培なら数百年でも持続可能となる。

## 森林栽培の利点

森林栽培は利点が多い。広葉樹林の葉は適度の日陰を作ってくれる。土壌は柔らかい。柔らかい理由は、微生物が多く住み着いている証拠だ。適度な水分を保持し、栄養に富んでいる。雑草も生え過ぎない。病害虫も少ない。だから、耕起も水遣りも施肥も病害虫駆除も風よけも日よけも要らない。つまり、農作業のほとんどすべてが要らなくなる。

## 畑の概念が変わる

確かに森林農業は利点が多いが、森林のすべてが農業に適しているわけではない。急峻な森林や人里離れた森林、あるいは過密な森林は農業には向かない。幸い農地面積よりは森林面積の方が広いので、農業に適した森林だけを選べばよさそうだ。世界レベルでも森林面積は耕地面積の3倍以上だが、日本に限ってみれば、5.3倍もある。既存の森林を使わなくても、平地に広葉樹や果樹を植え、樹木の間で野菜や豆を栽培する方法もある。実際にヨーロッパで試みが始まっている。畑の概念が変わるのかもしれない。

## 森林農業をやってみた

非電化工房は森林と隣接しているので、森林農業のまねごとを始めてみた。葉菜類と豆類とブルーベリーだけを育てている。実績を誇るほどには至っていないが、ほとんど「ほったらかし」でもよく育っている。森林農業は、もしかすると究極のエコ農業なのかもしれない。

---

[*3]　ポール・ホーケン『ドローダウン』（山と渓谷社）

# #36 家庭植林

**果樹を植えると生活が豊かになる**

**ブルーベリー（非電化工房）**：非電化工房にはブルーベリーの木が10本植えられている。8月には1日がかり
で収穫し、1年分のジャムづくりに励む。

## 木は炭酸ガスを減らさない

　ご存知とは思うが、木が有ると大気中の炭酸ガスが減るというのは勘違いで、木が有っても大気中の炭酸ガスの量は増えも減りもしない。木の成長過程では炭酸ガスを吸収するが、吸っただけの炭酸ガスは木が朽ちる時に吐き出されるからだ。ただし、木の本数が増え続ける時には炭酸ガスの量が減り、木の本数が減り続ける時には炭酸ガスの量が増える。だから、木の本数を増やし続けることが大切だ。

## 家庭で植林

　家を建てる時には植林する。成木になった時には建築に使った材木を賄えるくらいの本数の木を植える。古き良き時代の日本の習慣だ。こういう知恵が絶えて、温室効果ガスが増えてしまった。となれば、家を建てた時に使った材木を賄えるくらいの木を植えて帳尻合わせをしておきたい。家1軒建てるには、70本くらいの木が必要だとされているので[*1]、それくらいを目安にしたい。

## 例えばカツラの木

　70本も植えられるとなれば、愉しみが多い。例えばカツラの木。成長が速いので、苗木を植えると10年足らずで10メートル以上に育つ。葉はハート型で可愛く、枝ぶりもよい。非電化工房のカフェを10年くらい前に建てた時、周囲に30本のカツラの木を植えた。今は高木に育って美しい空間を提供してくれている。

## 例えば栗の木

　果樹を植えるのもいい。自然の恵みで生きる喜びを満喫できる。例えば栗の木。美味しい栗の枝を分けてもらって挿し木という方法もあるが、難しい。苗木を買ってきて植えるのが簡単でいい。日当たりの良い場所を選んで植える。栗は自家不結実性なので、異なる品種と混植する方がいい。栗の根には「菌根菌」が共存しているので、やせ地で育つ。耐寒性も強いので育てやすい。

---

*1　林野庁ホームページ「森林・林業白書（平成22年）第1章第2節」
https：//www.rinya.maff.go.jp/j/kikaku/hakusyo/22hakusho/190411.html

## 栗ご飯で生きている喜びを感じる

　非電化工房の栗は今年で15年。毎年秋になるとたわわに実をつけてくれる。僕たちが好きな食べ方は栗ご飯だ。硬めに茹でてから渋皮を剝いた栗ともち米を蒸籠で蒸す。炊きたての栗ご飯に美味しい食塩を振りかけて食べる。味覚の秋を満喫できる。大袈裟に聞こえるかもしれないが、生きている喜びを感じる。

## 果樹は生活を豊かにする

　柿も簡単だ。ブルーベリー、ラズベリー、ブラックベリーやジュンベリーも簡単だ。イチジクも簡単だ。非電化工房のある那須町は寒冷地なので、柑橘類の栽培には不向きだが、柚ならできる。サンルームではレモンとオリーブも育てている。果樹の実はそのまま食べても美味しいのだが、ジャムにしたり、グラノーラをつくったり、パイのようなお菓子をつくったりするのも愉しい。ドライフルーツにしてもいい。イチジクやクルミをパンに練りこむと、パンが格段に美味しくなる。

# サツマイモを栽培する

## 一番簡単で美味しい、農業の入り口

#37

**サツマイモの栽培**：サツマイモほど栽培が簡単な作物は無い。水遣りも施肥も要らない。カロチンと食物繊維が豊富で美味しい。芋掘りほど達成感のある農作業は少ない。

## 自給自足はCO₂排出量を減らす

　食べ物に関わる$CO_2$排出の最大の原因は輸送だ。日本人のフードマイレージは世界一だが、平均すると地球を4分の1周運ばれた食品を食べていることになる。だから、自給自足は$CO_2$排出量を減らす効果が大きい。

## 自給自足の入門篇はサツマイモ

　サツマイモほど簡単に育てられる野菜はない。収穫の達成感の大きさは米とサツマイモが双璧だ。そして、サツマイモほど栄養豊富な野菜はない。だから、自給自足を始めるなら、サツマイモから出発することをお薦めしたい。

サツマイモの苗の植え方は簡単だ。畑を耕して畝をつくる。普通は畝の高さは10センチもあれば十分だが、サツマイモだけは30センチくらいの高畝にする。水はけと通気性のためだ。苗を買ってきて畝に植え付ける。苗といっても葉がついた25センチくらいの蔓だ。節の数が多い苗がいい。この苗を30センチ間隔で植え付ける。葉の部分は空中に出し、蔓の部分を土中に斜めに埋める。植え付けた後1週間くらいは毎日水遣りをする。後は何もしないでいい。肥料もやらないでいい。水遣りもしないでいい。蔓起こしだけはする。

## 芋の生育のメカニズム

芋の生育のメカニズムはスゴイ。根から水を吸い上げて、長い蔓を通って、遥か遠方の葉まで届ける。葉の表面では、根からの水と空気中からの炭酸ガスを合成してデンプンを生成する。光合成だ。光合成には太陽の光と葉緑素が必要で、葉緑素の主成分はマグネシウムだ。合成されたデンプンは蔓を逆流して根まで運ばれて芋になる。ということは、20メートルもの長さの蔓の中をマグネシウムが溶け込んだ水が往ったり、デンプン（実際にはブドウ糖の形で）を含んだ水が復ったりしているわけだ。苗を植え付けてから4か月もすると芋掘りだ。芋掘りほど達成感のある作業は少ない。

## 焼き芋を食べる

掘りたての芋は美味しい。どんな食べ方をしても美味しいのだが焼き芋にして食べるのが最高だ。自作のタンドールで芋を焼く。ナンを焼く目的でタンドールを作ったのだが、焼き芋も美味しく焼ける。芋の内部の温度を70〜80℃に保つと、アミラーゼがデンプンを糖に変えてくれるので、いくらでも甘くできる。80℃を超すとアミラーゼが壊れてしまうので、気をつける。この焼き方が一番美味しい。秋晴れの下で、掘りたての焼き芋をみんなで頬張る。収穫の秋を、そして自然の恵みで生きる喜びを実感するひと時だ。

# #38 竹酢液と油粕液肥
### 愉しく安上りな有機農業を自前で実現

**竹酢液採取（非電化工房内）**：炭焼き窯で竹炭を焼く時に、副産物として竹酢液を採取できる。煙突を長めにして傾けておくと、煙の中の不燃焼成分が凝縮して竹酢液になる。1回の炭焼きで3リットルほどの竹酢液を採取できる。病害虫駆除に使う時には300倍ほどに希釈する。

## 化学肥料は環境汚染の元凶

　農作物が育つには肥料が必須だ。化学肥料をたっぷり施せば、見かけは立派な作物ができる。慣行農業で大量の化学肥料を使用する理由だ。しかし、化

学肥料の過剰使用が環境汚染の元凶になっていることは紛れもない事実だ。また、化学肥料を使った立派な野菜は、味と栄養の点では決して立派ではない。

　だから多くの人が有機農業を目指す。有機農業では有機肥料を使う。自然の循環原理を使った無肥料の自然農もあるが、一般の有機農業では堆肥を作って施肥する。

## 有機肥料は栄養が希薄

　問題は堆肥の栄養が不足することだ。鶏糞から作った堆肥は自重の10%強が栄養だが、青草や藁から作った堆肥の栄養は1%に満たない。そこで大量の堆肥を使うことになる。作物によるが、元肥だけでも、1㎡当たり最低でも2kg程度は撒く。1反歩(1,000㎡)だと2トン。更には元肥と同じくらいの追肥を撒く。

## 追肥用の液肥を自分で作る

　追肥には液肥が便利だ。液肥としては「油粕液肥」が有名だ。油粕を同量の水に混ぜて保温しておけば発酵が進み、2〜3週間で油粕液肥ができあがる。とても簡単だ。ただし、窒素分がほとんどで、リン酸やカリは希薄だ。だから窒素分を補う場合にはこれでいいのだが、リン酸やカリも補いたい場合には、鶏糞や藁、米ぬか、青草などを混ぜて液肥をつくる。特にスギナは異常なほどにカリ成分を含んでいるので、油粕＋スギナ液肥はカリ成分を補給したい時に有効だ。

## 竹酢液は万能

　有機農業では、病害虫にも悩まされる。農薬を使いたくないからだ。そこで竹酢液を自分たちでつくる。万能と言ってもいいほどに、竹酢液はほとんどの病害虫駆除に有効だ。「竹炭つくり」について後で紹介する(#52)が、炭焼きの副産物として竹酢液を採取できる。ドラム缶1杯の竹炭焼きで約3リットルの竹酢液を採取できる。実際に使う時には300倍くらいに希釈して使うので、3反(3,000㎡)くらいの畑の1年分を十分に賄える。

# SRI稲作法

## 水を少なく使って収穫量を増やす最先端の稲作法

稲刈り（非電化工房）：バインダーを使って稲刈りし、稲架（ハザ）を立てて天日干しする。乾いたら足踏み脱穀機で脱穀して、籾のまま貯蔵する。

## 増える人口を支える

　世界の人口増加のスピードは増している。世界人口が100億人に達するのは24年後と予測される。一方で、世界の耕地面積は20年で8.2%しか増えていない。日本に至っては耕地面積が減少している。

## 米作のCO$_2$排出は多い

　農業由来の温室効果ガス排出量の少なくとも10%は米由来だ。人口増加を支えるために収量を増やしつつ、温室効果ガス排出を抑制するという難題にいま僕たちは直面している。

## 溜池農法

　非電化工房の一昨年までの稲作は「溜池農法」だった。敷地内に溜池を用意し、井戸で汲み上げた水を溜めて温めておく。稲の生育は水温で決定されるので、一般には浅水(あさみず)にして水温を高くする。溜池農法では、水を温めてあるので水深20cm以上の深水(ふかみず)にできる。すると、太陽の光が水底まで届かないので雑草は生えない。つまり、無農薬でも雑草退治をしないでいい。

## SRI農法に替えてみた

　地球温暖化と人口増加のことを考えると、溜池農法程度で満足していてはいけないと思った。そこで、作年はSRI*1農法に切り替えてみた。大昔から東南アジア中心に行われてきた稲作法だが、最近になって欧米の先進農業研究者の熱い視線が注がれている。東京大学なども研究に乗り出した。

## SRI農法とは

　SRI農法ではまばらに田植えをする。普通は、条間30cm、株間は15cmで、1株当たり3〜5本の苗を植え付ける。SRI稲作では、条間も株間も30cm間隔で、一株当たり苗を1本だけ植え付ける。苗も普通は発芽3週頃の中苗を植え付けるが、SRI稲作では発芽8〜10日の幼苗を植え付ける。そして、連続灌水はせずに、田植え後なるべく早めに間断灌水をする。つまり、しょっちゅう落水して、地面にひびが入るくらいになったら最低限の注水をする。

## 除草が夢のように楽だった

　従来は条間は30cmなので田車を押して、雑草を地面に押し込んで行けるが、株間は15cmしかないので田車を通せない。仕方がないので、手で引き抜いて地面に押し込んでいた。この除草作業を水田の中で行うのは重労働だ。SRI稲作では、株間も30cm間隔なので、田車が通る。落水時に除草作業をやるので、

---

*1　"SRI"というのは、System of Rice Intensification　の頭文字という説と、バリ島に伝わる神話の主人公Sriの名前からだという説がある。嫉妬した女神たちに殺されたデヴィ・スリの亡骸から稲が誕生した……というような神話だ。

縦横に走るように田車を押せる。従来の20分の1くらいの時間で除草作業を終えた。

## 未だ結果は出ていない

　僕たちのSRIはやり始めたばかりで、未だ良い結果は出ていない。苗の本数を10分の1、水量も5分の1にした割には、以前と同等の収量に達したので、環境には少しだけ良くなって、手間も少しだけ楽にはなったが、この程度の収量で満足するわけにはゆかない。SRI稲作により収穫量が慣行農業の1.5～2倍に増加したという報告もある。改良点は多いので可能性はありそうだ[2]。

---

*2　SRI農法に関しては、J-SRI研究会編『稲作革命SRI』（日本経済新聞出版）が詳しい。

# #40 フリーランチ（家庭菜園）
## 愉しく自給自足して健康な生活

**ソウル市の都市農業：**韓国ソウル市は都市農業が盛んだ。ビルの屋上には趣向をこらした屋上菜園が多い。屋上でのフリーランチもさかんだ。（撮影：筆者）

## 都市農業が盛んなソウル

　ソウルのパク・ウォンスン市長（当時）は、自然の恵みで生きる感性を何よりも大切なものと考えていた。しかし都会では、その感性は培われない。人工的で殺伐とした生活に陥りやすい。そこでパク市長は「一家庭一坪菜園運動」を提唱して、推進した。

　大都会のソウル市でも、一家庭当たり一坪なら確保できる。野菜を育てることで、自然の恵みで生きる感性を培うことは可能だ……と、パク市長は考えた。そして今、ソウル市は都市農業ブームだ。

## 都会の人はオシャレに農業をする

　田舎と違って、都会は制約だらけだ。まずは農地が無い。だから、ベランダや屋上を使ったり、玄関前にポットを立体的に吊るしたり、台所のカウンターの上にガラス鉢を置いたりと、様々な工夫をする。都会に住む人はオシャレにするこ

とが得意だから、アートレベルも高い。

　しかし都会の人は農業に慣れていない。野菜つくり・米つくりに憧れる人は増えているが、手を出す人は少ない。だからワークショップを頻繁に行ったり、サークルを作ったりして、みんなで学び合う。この方が格段に愉しい。

## 横浜の奥山育子さん

　奥山郁子さんは在来種の野菜つくりワークショップを頻繁に開催する。都会の人に有機野菜つくりを、オシャレに愉しんで欲しいと奥山さんは願っている。年間9回のワークショップで19種類の野菜を栽培する。3月はジャガイモ＆インゲン、4月は里芋とショウガ、5月はミニトマトとバジル、6月はナスと枝豆、7月はゴーヤと長ネギ、8月はカブと春菊とカラシナ、9月はキャベツとリーフレタス、10月はほうれん草とタマネギ、最終回の11月は苺とニンニク。

　この19種類はよく考えられている。一年にわたって旬の野菜を愉しめる。コンパニオンプランツも採り入れられている。例えばトマトと一緒にバジルを植えておくと、コナジラミなどの害虫を遠ざけて、トマトの生育を助けてくれる。

## プランターで栽培する

　19種類の野菜を広大な畑で栽培——ではなく、プランターで栽培する。プランターの数はワークショップの回数と同じ9個。これなら都会の集合住宅でも可能だ。ワークショップでは、プランター・固定種の種・有機肥料がセットで提供される。プランターの作り方、種を自家採種する方法、有機肥料の作り方も伝授されるから、翌年からはすべて自前でできるようになる。ワークショップには美味しいオヤツと愉しい会話がセットになっていることは言うまでもない。友情が生まれることも当然だ。

# #41 籾摺機
## 籾で保存した米は美味しく長持ち

**籾摺機(非電化工房製)**:ハンドルを回すと籾摺りされて、玄米は下から、籾殻は後ろから出てくる。籾の状態で保存すれば長期間美味しく保存できる。

## 米の低温保存に膨大な電力が消費されている

籾殻は大変に硬い。何故こんなに硬いかと言うと珪素を多く含んでいるからだ。余談だが、半導体用の高純度シリコンを籾殻から取り出す研究がこのごろ盛んだ。だからお米を籾で保存すれば虫に食われることはない。酸化しにくく、1年でも2年でも美味しい状態を保つことができる。籾殻を取り去って、玄米か白米で貯蔵すると、すぐに虫に食われるし、1～2か月で酸化して不味い米になってしまう。だから、お米は籾で保存する。昭和時代前半までの常識だったが、今は非常識だ。いま、日本のお米の99.9%は玄米か白米で保存されている。常温で

は傷んでしまうので、12℃〜15℃で貯蔵する。これを低温貯蔵と呼ぶ。低温貯蔵には電力が必要だ。どれくらいの電力が低温貯蔵のために使われているのか——計算してみたら標準的な原発1.2基分だった。

## 天日干しのお米は美味しい

　お米の常識／非常識は、保存方法に留まらない。「稲刈りをし、天日干ししてから脱穀機で脱穀」という常識はいまでは非常識だ。稲刈り・脱穀をすると、すぐに機械乾燥し、間を置かずに電動の大型籾摺機で籾摺り(籾殻を外すこと)をして玄米にしてしまう。ご飯を炊くのも電気炊飯器が常識だ。お米の収穫から炊飯まで、一体どれくらいの電力が消費されているのだろう。計算してみたら、原発4基分だった[1]。

**米の収穫(非電化工房)**：稲はバインダーで稲刈りしてから、稲架(はざ)を立てて天日干しをする。水分率が15%くらいになったら、足踏み脱穀機で脱穀して、籾の状態で保存する。手間はかかるが、参加者を多く募って、音楽付きで愉しくやる。

---

＊1　住環境計画研究所の調査報告(省エネルギーセンターからの委託)に基づき筆者が算出。

## #42 薬草茶
### 無農薬のお茶がタダで出来て健康にもよい

**杜仲の木（非電化工房内）**：苗木を植えたら5年で5メートルを超す木に育った。1本の葉だけで1年分以上のお茶になる。味もよいし、薬効も高い。

### 薬草を栽培する

　妻は薬草をせっせと栽培する。農場の面積の10%は薬草に占められている。栽培してどうするかと言うと。薬草茶を淹れて喫んだり、スパイスとして料理に使ったり、クッキーをつくったり、餅をつくったり、薬をつくったり、石鹸をつくったりする。トゥルシー、レモングラス、アーティチョーク、杜仲、桑、五味子、ペパーミント、アップルミント、フェンネル、カモミール、エルダーフラワー……などなど。野草に近いものも採取してくる。カキドオシ、ヨモギ、ドクダミ、スイカズラ、葛……などなど。

　薬効のこともよく知っていて、「杜仲茶は肥満を防ぐから飲みなさい！」と言う。

「全然太っていないから要らない」と断ると「血圧を下げるのに効果があるから飲みなさい！」と、結局飲まされている。「桑の葉茶は血糖値を下げる効果があるから」と飲ませようとするので、「血糖値はいつも正常だから要らない」と言うと、「あなたは甘いものをタクサン食べるから、飲んでおいた方がいいの！」と、結局飲まされている。

## 韓国には薬草文化が根付いている

　薬草文化は、日本や中国は「漢方薬」という形で専門家の手にわたり、僕たちの生活からは離れた。韓国では、薬草が生活に根付いている。例えば、ソウル市内のカフェのメニューには、コーヒーやチョコレートパフェと一緒に薬草茶が数種類、必ず含まれる。韓国では薬草茶ではなく伝統茶と呼ばれる。オミジャ茶（五味子茶）、サンファチャ（双和茶）、トングルレー茶（あまどころ茶）などなどだ。オシャレな薬草カフェも多数ある。薬草カフェでは20種以上の薬草茶や薬膳スイーツがメニューに並ぶ。ヤンニョンシージャン（薬令市場）に行くと、見渡す限りすべて薬草店だ。一般の食品市場にもわけの分からない木の根など、料理に使う薬材で溢れている。

## 免疫力を高める

　薬草文化はいいと思う。これらの薬草は、免疫力や自然治癒力を高めることを基本に据えている。そして長い時間の経験で裏打ちされている。子供が風邪を引いただけで抗生物質を処方する文化、次々に新薬が開発されて商業化される文化とは対極だ。漢方薬店で漢方薬を処方してもらうことを否定はしないが、それでは愉しみが無い。自然の恵みで生きる喜びも希薄だ。もう一つの選択肢は自分たちで薬草を育て、自分たちで処方し、自分たちの免疫力や自然治癒力を高める。経験を交換し合い、育てた薬草も交換し合う。美味しいレシピも交換し合う。健康をみんなで、愉しくクリエイトする。自給自足の醍醐味だ。

# 地産大豆の豆腐と納豆

## CO₂削減効果は大きい

**#43**

**大豆の栽培：**大豆の栽培は難しくない。ポットで苗を作ってから畑に植え付ける。間引き・土寄せ・摘芯・水遣りをきちんとすれば立派な豆ができる。写真は常陸太田市で有機在来大豆農家「まったり～村」を営む北山夫妻と大豆畑。

## 牛のげっぷは温室効果ガスの4％

　牛のげっぷが温室効果ガスの4％を占めると聞いても俄かには信じがたい話だが、間違いではない。世界中で約15億頭の牛が飼育されている。その牛が1日に約500リットルのげっぷをする。げっぷの主成分はメタンガスで、メタンガスの温室効果は$CO_2$の25倍。計算すると確かに4％になる。

## 日本の牛の数は少ない

　世界で一番多くの牛を飼育しているのはブラジルで、約2億3千万頭。日本は61番目で約400万頭と少ない。しかし、400万頭が1分間に1回の割でげっぷをすると、メタンガス発生量が$CO_2$換算で年に756万トンになり[*1]、全国のバスとタクシーが発生する$CO_2$の658万トンを上回る……と聞くと、なんだかクラクラしてくる。

## 牛肉の消費量を減らしたい

　1960年には、日本人の牛肉消費量は年に一人当たり1kgに過ぎなかった。2007年には68.1kgまで増え、その後は減少傾向にあるが2021年には47.6kgと、まだまだ多い。驚いたことに、米国の37.9kgよりも多い。地球温暖化のことを考えると、牛肉の消費量を適切に減らしたくなる。

## タンパク質は豆から取る

　牛肉を減らすと、その分だけタンパク質の摂取量も減る。タンパク質は筋肉の元だし、細胞核生成やホルモン・酵素生成にも不可欠だから、減らせない。牛肉を減らした分は大豆で補えばよい。牛肉のタンパク質含有量は平均17%で大豆は34%だから[*2]、牛肉を1年に10kg減らしたら、大豆を年に5kg増やせばいい。因みに、タンパク質の摂取量は一人一日当たり約60gが推奨されている[*3]。牛肉なら350g、大豆なら176gに相当する。

　因みに、牛肉以外の肉魚のタンパク質は、豚肉が平均14.4%、鶏の皮無し胸肉は23.3%、皮付きもも肉は16.6%、魚は約20%だ。思い切って大雑把に言うと魚肉類は20%で、大豆は40%。必要なタンパク質は60g。この20・40・60という数字を忘れないようにしたい。

## 大豆輸入に伴う$CO_2$排出量は大きい

　牛肉を減らして大豆を増やす。以上終わり……というわけにはいかない。大

---

＊1　農畜産業振興機構(https：//www.alic.go.jp›joho-c›joho05_002066)
＊2　日本食品標準成分表による
＊3　(財)長寿科学研究所「健康長寿ネット」によると成人男性は65g、成人女性は50gが推奨されている。
＊4　日刊スポーツ「ニュースの教科書」2021年11月8日

豆の9割以上は輸入に依存し、輸入の4分の3は米国からの輸入だ。米国の産地から日本の工場までの平均輸送距離は約2万km、地球半周に相当する。輸送に伴う$CO_2$排出量は、大豆1トン当たり246kg[*4]。大豆の輸入量327万トン（2021年実績）を掛け算すると、年に約80万トンの$CO_2$が大豆の輸入に伴って排出されていることになる。無視できる数字ではない。

## 地産大豆の納豆・豆腐を食べる

　地産の大豆なら$CO_2$排出量はほぼゼロになる。大豆の国内生産量は21万トン（2018年実績）と少ないが、国産大豆の豆腐や納豆を見つけることはできる。近県のものが望ましいが、北海道産だって米国産に較べれば10分の1以下の$CO_2$排出量に抑えられる。少し苦労してでも地産大豆を選ぶことが、大豆生産者の助けになることも間違いない。自分の畑で大豆を生産できれば、$CO_2$排出量をほぼゼロに抑えられる。ただし、大豆の収量は10a（1,000㎡）当たり年に169Kg（全国平均）なので、広い畑が必要になる。

## 地産大豆で納豆をつくる

　地産大豆は手に入るが、地産の納豆や豆腐が手に入らない場合もある。その場合は納豆や豆腐を自分でつくってしまえばいい。納豆や豆腐の作り方の説明は割愛するが、難しくはない。

# 塩を作る

## 自然エネルギーで美味しい塩を作る方法

**製塩器（非電化工房製）**：太陽の光を集めて塩水から水分を蒸発させる。蒸発した蒸気から熱を回収するので、短時間に塩を作ることができる。写真のリフレクター（湾曲面）で太陽光を中央に集める。中央にはガラス瓶（黒い円筒）が設置される。ガラス瓶の中には上部のフラスコの海水が流れ込み、加熱される。海水は沸騰して水蒸気が発生する。水蒸気はフラスコ内の銅チューブを通り、海水に冷やされて純水になって排出される。海水は次第に塩の濃度が高くなってゆき、最終的には塩の結晶が析出される。

## ナトリウムが無いと生きてゆけない

　塩が無くては生きてゆけない……と思っている人が多いが、ナトリウムが無ければ生きてゆけないというのが正しい。食塩、すなわち塩化ナトリウムの主成分がナトリウムであることから生じた誤解だ。ついでに言うと、カリウムがなくても

生きてゆけない。細胞の中に水や酸素や栄養を送り込むのがナトリウムの仕事、細胞の中から炭酸ガスや老廃物を引き出すのがカリウムの仕事だからだ。ナトリウムは血圧をあげ、カリウムは血圧を下げる作用がある。その上に、ナトリウムは溜まりやすく、カリウムは排出されやすいのでバランスが悪くなりやすい。「食塩の過剰摂取は高血圧の原因」とされる所以だ。だから、工業的に造られた食塩よりは、カリウムやマグネシウムなどのミネラル成分が豊富な天然塩の方が好まれる。味も良いが高価だ。

## 桑塩を作る

　カリウムが豊富な塩を自分で作るのは難しくない。お薦めしたいのは、「桑塩」と「スギナ塩」だ。先ずは「桑塩」。桑の葉に含まれるミネラル分の量はすごい。桑の葉100g中に、カリウムは2,500mg、カルシウムは3,370mg[*1]。カリウム含有食品の代名詞となっているバナナのカリウム成分360mgと比較すると桑のすごさが分かる。桑塩の作り方は簡単だ。桑の葉を乾燥して粉にする。桑の葉パウダーと食塩あるいは天然塩を混ぜてから鍋で炒る。桑塩の出来上がりだ。

## スギナ塩をつくる

　スギナも桑の葉に負けない。100g中に含まれるカリウムは3,620mg、カルシウム1,940mg[*2]というから驚く。スギナ塩の作り方は、桑塩の作り方と同じだ。乾燥してから粉にし、食塩または天然塩と混ぜてから鍋で炒る。

## ソーラー製塩器を作ってみた

　製塩は膨大なエネルギーを必要とする。例えば都市ガスのコンロに海水を入れた鍋を載せて煮詰めれば塩ができる。1kgの塩を作るのに約4㎥の都市ガスを消費する[*3]。ガス代は6〜700ほどになる。だから、天日のようなタダのエネルギーで作らないと高価な塩になってしまう。

---

*1　日本食品分析センター
*2　スギナ生化学研究所1988年分析
*3　加熱して水分を蒸発させる効率を約60％とした場合の計算値。実際にもその程度だった。

なぜ、膨大なエネルギーが要るかというと、100℃の水を蒸発させるのに1g当たり2,257ジュール（539カロリー）もの蒸発熱が必要だからだ。直径60cm（面積0.28㎡）のソーラークッカーを使っても、1時間で5〜6gくらいの塩しかできない。

## 蒸発熱を回収利用してみた

　蒸気の熱を回収する製塩器を作ってみた。受光面積0.25㎡の反射板で太陽光を集めて海水から水分を蒸発させる。蒸発した水蒸気で海水を温める、つまり蒸発熱を回収する。実際に使ってみたら、1時間で100g程度の塩ができた。同じ受光面積のソーラークッカーの20倍くらいのスピードだった。

## 真水製造機にも使える

　この製塩器は、汚い水から真水を作ることができる。日本酒から焼酎を作ることもできる。エネルギーコストはまったくのタダで、$CO_2$発生量はゼロだ。太陽熱を使ってできることは、そして$CO_2$を発生させなくてもできることは実はタクサンあることを伝えたいので、ソーラー製塩器の話を紹介した。

**ホダ場（非電化工房内）**：コナラやクヌギなどの榾木（ほだぎ）にシイタケやナメコ、クリタケなどの種駒を埋め込む。木を栄養にしてキノコが成長する。同じホダ木を5年間くらいは使える。

# キノコを栽培する

## ビタミンDで免疫力を高めたい

**#45**

## 免疫力アップは$CO_2$削減につながる

　健康を維持することは明らかに$CO_2$削減につながる。統計データーには表れてこないので、定量的な説明はできないのだが、異論は生じないと思う。当たり前のことだが、健康を維持した方が幸せ度は高い。健康を維持する上では免疫力を高めることと、自然治癒力を高めることが大切なのは言うまでもない。

　免疫力を高めることも本書のテーマに1項目くらいは入れておきたい。免疫力を高めるにはビタミンDとカロチンを摂取すること。言うまでもないことだ。そして、ビタミンDはキノコと魚に、カロチンは人参とカボチャに多く含まれることも至極当たり前のことだ。

## 原発事故でキノコを断念

　僕たちが住んでいる那須町は、2011年の福島第一原発事故で、福島市以上の放射線量に見舞われた。事故から12年以上が経過し、放射線量は下がったが、筍や山菜、川魚などを安心して食べられる状況には程遠い。事故直後、僕たちのホダ場も放射能汚染された。茸類は食品への放射能移行係数が非常に高い。椎茸とシメジとナメコを栽培していたが、すべて廃棄した。2021年春にキノコ栽培を再開した。

　2022年秋からはキノコを採取できるようになった。当たり前のことが大変に嬉しい。


## キノコは栄養豊富

　いうまでも無く、キノコは栄養が豊富だ。日本人が長寿なのは、椎茸と納豆のお陰だ……と言い切る人もいるが、根拠は定かではない。栄養成分の根拠は定かだ。七訂日本食品成分表によれば、干し椎茸100gに含まれるカリウムは100mgでナトリウムは6mg。高血圧の人にはありがたい数字だ。

　ビタミンDは、12.7μg(1μgは1mgの千分の一)。ビタミンDは野菜・穀物・豆には含まれていない。魚には豊富に含まれているとは言うものの、ブリは6.4μg、シラス干しは6.1μg、サンマは15μgというから、干し椎茸の数字は立派だ。ビタミンDは骨を丈夫にしたり、免疫力を高める効果があり、陽光を浴びると皮膚でも合成される。冬には陽光が足りないために、ビタミンD不足になりやすい。


## 採りたての椎茸は美味しい

　採りたての椎茸をバターで炒めて、火を止める間際に醤油をかける。熱いうちに口に放り込む。自然の恵みを堪能できる瞬間だ。欲望が満たされている美味しさとか、身体が求めている美味しさ、懐かしい美味しさ……美味しさにはイロイロあると思うが、トリタテ・ヤキタテの椎茸の美味しさは、身体が求めている美味しさだと思う。身体にはきっといいに違いない。

# ウッドチップマルチ
## 雑草と乾燥を防ぎ、肥料になる一石三鳥農業

#46

**ウッドチップマルチ**（非電化工房内）：
土の表面に5cmくらいの厚さでウッドチップを敷き詰める。土の水分が保たれるので水遣りの量は少なくてよい。雑草は生えない。チップはそのまま有機肥料になるので、施肥も半減できる。

## マルチは便利

　マルチ（マルチングのこと）をご存知と思う。田舎に行けばビニールマルチだらけだ。所々に孔が空いたポリエチレンシートを畑に被せる。孔の処に苗を植え付ける。孔が空いた処にだけ水遣りをする。水が蒸発しにくいので、水遣りは最小限で済む。印象で言うと、マルチをしない場合の5分の1程度の水遣りで済む。太陽の光を遮るので、雑草は生えない。冬場には地温を高めてくれる。本当に便利だ。

## いろんな種類のマルチがある

　マルチには、ビニールマルチの他にも、藁マルチ、雑草マルチ、ウッドチップマルチなど、いろんな種類がある。個人的にはビニールマルチは嫌いなので、藁マルチを好んで使っている。ビニールマルチは使用後に適切に処分しないと環境負荷になってしまうが、藁マルチは使用後に畑に鋤き込めば好い肥料になる。

## ウッドチップマルチは素晴らしい

　ウッドチップマルチは素晴らしいと思う。畑を軽く耕した後、地表面にウッドチップを厚さ5cmほど敷き詰める。ビニールマルチと違って孔を開けないでも苗は植え付けられる。苗の辺りだけに水遣りをする。ウッドチップは通水性が良いので苗の根まで水は届く。ウッドチップが水の蒸発を遮ってくれるので水遣りは最小限で済む。雑草は生えない。作物の収穫後にはウッドチップを土に鋤き込むと分解されて有機肥料になる。その分だけ有機肥料の施肥を減らせる。経験では、半分くらいに施肥を減らせる。ウッドチップは環境負荷にはならない。イイコトヅクメだ。

## ウッドチップは買うと高い

　問題はウッドチップの調達だ。5cmの厚さで撒くとすると、1m²当たり50リットル。通販で購入できるが、50リットルで2,000円ほどかかる。1a(100m²)の広さの畑だと5m³必要で、20万円もかかってしまう。

　ウッドチッパーを持っていれば、間伐材や打ち枝をチップにできるので安上りだが、おあつらえ向きの太さの間伐材や打ち枝が大量に入手できるとは限らない。

## 竹チップマルチがいい

　竹は日本中ではびこって困っている。竹チップは5馬力くらいの簡単なチッパーでチップにできる。木よりも桁違いに成長速度が速いので、伐採し過ぎの心配は無い。その上、油と糖分を多く含んでいるので、微生物が増殖しやすい。

　収穫後に鋤き込んでおけば、微生物が活発な良質の土になる。栄養も豊富に

**ウッドチッパーで竹チップつくり（非電化工房）**：6.5馬力のエンジン式ウッドチッパー。木なら直径75ｍｍくらいまで、竹なら100ｍｍくらいまでをチップにできる。新品の価格は約5万円。

なる。

　竹を建築物などに使う時には、糖分が地下茎に降りる冬季に伐採したり、使う前には油抜きをしたりして、長持ちするようにする。逆に、竹チップマルチに使う時には、糖分と油分を抜かないようにして、長持ちしないようにする。そうすると、いい肥料になる。

## 竹の活用と管理

　本書では、竹の活用に関するテーマを意識的に多く採り上げた。繰り返し述べたように、竹は成長速度が速い再生資源だから、非再生資源を竹に置き換えれば、地球温暖化防止の効果が期待できる。量的に多くを期待できるのは、エネルギーと建築材料としての活用だが、農業への活用もそれに次いで期待され

る。

　竹の活用と管理は日本の特技だと思う。竹は根茎の成長速度も速いので、時には生態系を破壊する厄介者になる。日本人ならm切り（メートルぎり）*1という方法で、竹の領域侵犯を止める方法を熟知している。僕の知る限りでは、欧米でこのことをご存知の方はいない。日本において竹の活用と管理のレベルを更に上げ、世界に発信して差し上げたい。

---

*1　竹の管理境界に1メートルくらいのゾーンを設け、そのゾーンでは地面から1メートルくらいの高さで竹をカットする。根茎に蓄えられた栄養分が切り口から溢れ出てきて、ゾーンの地下の根茎を枯らすので、領域侵犯を止めることができる。

# CATEGORY 5

廃棄物

# 過剰な消費を減らし
# ゴミを出さない

**廃棄物**：環境問題は煎じ詰めれば過剰な消費が原因であることは間違いない。先ずは過剰な消費を止める。そして廃棄物を出さない。同時に、過去の廃棄物をも有効利用する。そういう時代だ。

## 過剰な消費

　環境問題は、過剰な消費が原因であることは間違いない。過剰な消費が過剰な生産・流通を生み出し、過剰な廃棄物をも生み出している。それらが環境汚染をもたらし、$CO_2$排出量の増大をも招いている。環境を守るためには、過剰な消費を減らすことが基本だが、廃棄物を生じさせない商品形態とライフスタイルが同時に求められる。

## 過剰な廃棄

　日本の一般ごみ排出量は年間で4,167万トン[*1]で、東京ドーム112杯分だと言われてもピンとこないが、1人1日当たり901gと言われれば実感が湧く。1年間だと一人当たり329kgで世界第2位。プラスチックごみに限ると年間一人当たり32kgでやはり世界第2位。ただし、これらは一般ごみに限った話で、産業廃棄物排出量の年間約4億トン[*1]を加えると、年間一人当たり3,425kg。およそ4トン車1杯分に相当する。いずれにしても僕たち日本人の廃棄物はあまりに多い。

## 日本のリサイクル率は低い

　環境分野で初のノーベル賞を受賞したケニア人女性マータイさんが来日し、「もったいない」という言葉に感激して世界に発信したのは2005年のことだった。感激した理由は3R(リデュース・リユース・リサイクル)をたったの一言で見事に表現していると思ったからだそうだ。以来、日本はリサイクル最先進国と日本人みんなが思い込んで今日に至っている。しかし残念ながら、日本の一般ごみリサイクル率は19.9%(2018年)[*2]で、世界194か国平均の16%に近く、EUの48%には遠く及ばない[*3]。

## 大崎町は83%

　日本全体ではEUの3分の1に過ぎないが、一般ごみリサイクル率83.1%という町もある。鹿児島県大崎町だ。人口12,831人のこの町は2006年から12年連続でリサイクル率1位の座にいる[*4]。町民はこのことを誇りにしているそうだ。大崎町は、僕たちに希望を与えてくれる。

---

*1　環境省『環境白書2022』による2020年のデータ。世界194か国の一般ごみ排出量は年間約21億トン。
*2　国立環境研究所のwebsite(https：//www.cycle.nies.go.jp/)
*3　ESG Journal(https：//esgjournaljapan.com/)
*4　2021年3月31日、環境省発表

# ゼロウェイスト
## 美味しくゴミをゼロにする

**ドイツの量り売りショップOriginal Unverpackt**：ベルリンにある「包装しない」という店名の量り売り
ショップ。ドイツでは量り売り商品が包装商品を上回る(筆者撮影)。

## ドイツの量り売り

　ドイツでは調味料や食料品の量り売りは常識だ。包装容器にパックされた
食料品は少ない。ドイツのごみ排出量は日本の4分の1……ということはよく知ら
れているが、包装ごみに限れば、排出量は日本の十分の1以下だ。

　ドイツ人が大好きなハムやソーセージやチーズも量り売りが多い。ワインや
ビールや飲料水の量り売りもある。水の量り売りもあれば、お菓子の量り売り、
小麦粉の量り売り、バターの量り売り、シャンプーや粉石鹸も量り売りだ。

## 量り売りのものは新鮮

　包装容器にパックされたものもあるが、少数派だ。「量り売りのものは新鮮」というイメージが浸透したからだ。パックしたものは一切無いというスーパーマーケットもある。量り売りはドイツだけではない。オーストリアにもベルギーにもオーストラリアにも、アメリカにも、量り売りの店は増え始めている。

## 上勝百貨店

　実は日本にも量り売りの店はある。例えば徳島県上勝町の「上勝百貨店」。米・パスタ・醤油・ひじき……すべての食料品の量り売りを目指している。ファンが増えて県外から買い物客が訪れる。

## 量り売り商品は無添加

　量り売りは、包装容器を無くすことだけが目的ではない。不必要な買物を少なくするという効果もある。大瓶入りを買えば割安……と思いがちだが、余らせて捨てる分を考えると、結局は割高になることが多い。

　大瓶入りは長期間使うことになり、腐敗を招きやすいので、合成保存料入りのものがほとんどだ。量り売りのものは短期間しか使わないので、合成保存料の必要性は無い。つまり、量り売りは健康・安全の面でのメリットも大きい。

## 地産地消につながる

　量り売りは“地産地消”に繋がる。パックしていない商品や、合成保存料が入っていない商品を遠方から仕入れるのは困難だからだ。作り手の顔が見える地産地消は、買う側にとっても安心だ。

## 一週間献立

「一週間献立」というありきたりな方法もある。一週間分の食事のメニューを決め、週に1〜2回まとめて買う。買い物の回数が減るから、車の燃料消費が減る。食品ロスも減る。メニューにバラエティーが生じる。栄養も良くなる。無駄な買い物も減る。イイコトヅクメなのだが、実行する人は少ない。

「冷蔵庫カラッポデー」という平凡な方法もある。週に一日は冷蔵庫に保存された食材だけで調理して冷蔵庫を空っぽにする。食品ロスを少なくするいい方法だと思うが、やはり実行する人は少ない。「一週間献立」も「冷蔵庫カラッポデー」も、実行する人が少ないのは、義務感に満ちた料理にさらなる義務を付け加えるからだというのが僕の自説だ。だとすれば、答えはトキメキしか無い。夫と子供が余りものだけで料理をする日を設け、ゲストも招く。他の家族と余りもの料理パーティーをする。もちろん美味しいデザート付きで。YouTubeで「我が家の余りもの料理スペシャル」を発信して、ヒットさせて稼ぐ……などなど、義務感を覆すトキメキのアイディアがいい。

## #48 バイオトイレ
### メタンも臭いも発生しないでウンチを分解

**里山にバイオトイレを作る:** 大阪の里山で中高生たちが作ったバイオトイレ。里山の風景と調和するトイレを子供たちが見事に完成させた。フィナーレで僕は子供たちにエールを送った。「僕はバイオトイレでウンチをするのが好きだから、世界中で200回以上もバイオトイレでウンチをしたけど、君たちが作ったバイオトイレでしたウンチが一番気持ちよかった。君たちは世界一美しいバイオトイレを作った。すごいじゃないか！ この感動を忘れないでほしい」と。

## 子供たちがバイオトイレを作った

　大阪の千里の里山でバイオトイレを作ったことがある。作ったのは小中高校生で、僕たち大人は少し手伝っただけだ。

　バイオトイレというのは、ウンチを微生物の力で分解して肥料に変えてしまうトイレのことだ。実は、僕はバイオトイレでウンチをするのが大好きだ。上手くできたバイオトイレでは嫌な臭いはまったくない。柔らかい土にウンチがスポッとく

るまれて、1週間くらいで土の一部になってしまう。その土を草木にプレゼントする。

## 世界一美しいバイオトイレができた

　高校生が設計して小学生も加わって作ったバイオトイレは素敵の極みだった。里山の傾斜に穴を掘る。微生物が一杯の土を里山の中から探してきて穴に詰める。探し方は簡単だ。手で握ってみてフワフワの土を探せばいい。トイレの壁は渦巻き型で、里山から切り出してきた竹で作る。渦巻き型だから外からは見えないので、思い切ってドアは省略。天井も省略。山の爽やかな風が外から入ってきて上に抜ける。壁の谷側は切り抜いた窓になっていて、森の緑が美しい。中は2畳分くらいのぜいたくな広さだ。これはトイレというよりもカフェだ。こんなに素敵なトイレをよくも子供たちが作ったものだ。

## メタンガスを発生させない

　メタンガスの温室効果は$CO_2$の25倍もあるのだから、とにかくメタンガスを発生させたくない。大雑把に言うと、嫌気性発酵はメタンガスを発生する。空気をよく混ぜると好気性発酵になるので、メタンガスは出ない。だから、バイオトイレは空気をよく混ぜてやることが大切だ。

**ポータブルバイオトイレ（非電化工房製）**：ドラムを手動で回転させるとドラム内の土と便が撹拌されて空気が混ざる。好気性の微生物が活躍して、臭いもせず、サラサラに分解される。

# フランス式ガラス瓶暖房

**#49**

## 「生活はアート」を実践

**窓際のガラス瓶**：南側のガラス窓の内側に水を入れたガラス瓶を並べる。昼間に太陽光で暖められた水が夜には室内に放射されて室内の空気を僅かに暖める。心はたくさん温まる。

## 窓際にガラス瓶を並べる

　写真を見ていただきたい。僕の家の南側の窓だ。色とりどりのガラス瓶を並べてある。ガラス瓶の中には水が充填されている。冬に陽光が差し込むと、瓶の中の水が温かくなる。夜には、ロールスクリーンを窓ガラスとガラス瓶の間に降ろす。水に蓄えられた熱が室内に伝達されて、暖房効果があるというわけだ。

　暖房代がいくら節約できるのかと言うと、実は微々たるものだ。だから身体は温まらない。しかし、昼間の太陽の熱が……と思うと心が温まる。

## フランス流

　このやり方は、30年ほど前にフランス人から学んだ。フランスの家庭では、みんな普通にやっている。僕が訪れた家の主婦は、祖母の代から続けているそうだ。フランス人ほどガラス瓶を多く使い、大切にする国は少ない。美しいガラス瓶が手に入る度に、そうではないガラス瓶と入れ替える。そういう入れ替えを、3代にわたって続けてきただけのことはあって感動するほどの美しい光景だった。「この瓶は祖母の瓶で、これは母のよ」と説明してくれた主婦は、嬉しそうで誇らしげだった。僕の家では、入れ替えを30年しかやっていないので、大して美しくない。孫の代に期待したい。

　昼間、瓶を通り抜けた太陽光が、出窓の床に光の模様を映し出す。瓶の色が様々だから、模様の色も様々だ。本当に美しい。

## 生活はアート

「生活はアート」と、フランス人はよく口にする。窓際にガラス瓶を並べるのもそうだが、生活のいたるところにアートが溢れている。ピカソの絵が掛かっている……というような話ではなく、生活の隅々まで創意工夫して、美しく、個性的に整えられている。

　一番アートなのは、キッチンだ。日本では一番乱雑な場所だ。フランス人に「なぜキッチンがこんなに美しいの？」と聞くと必ず「一番長くいる場所だから、一番美しくしたいのさ」という答えが返ってくる。日本人に「なぜこんなに汚いの？」と聞くと「一番他人の目に見えない所だからさ」、あるいは「忙しくて片づける暇がないのよ」という答えが返ってくる。僕の妻の答えだけど。

## 心の豊かさを大切にする

　実際の暖房効果は微々たるものなのに、敢えてこの話を提示したのは、物理的な暑さ寒さだけではなく、心の豊かさをも併せて大切にすることを忘れたくなかったからだ。

# アップサイクル
## 廃品を利用して価値を生み出す

**アップサイクルバッグ**:15年間愛用しているスイスFreitag社製のアップサイクルバッグ。トラックの幌の廃品とシートベルトの廃品で作られている。一つとして同じデザインのものはない。不思議なことに、使えば使うほど味がでてくる。

## アップサイクル・アート

　リサイクルという言葉は誰もが知っている。誰もが知っている言葉には、誰も新鮮さを感じない。事実、リサイクルは義務として定着したが、愉しんでいる人は少ない。

　アップサイクルという言葉はどうだろうか。英国やスイスで生まれたこの言葉は新鮮だ。廃品を利用するという意味のリサイクルと違って、アップサイクルは廃品を利用して新しい価値をクリエイトする。

　アップサイクルの一つはアップサイクル・アート。例えば写真のバッグ。僕の15年来の愛用品だ。スイスFreitag社製で、トラックの幌の廃品と車のシートベルトの廃品で作られている。廃品で作られた新品を手に入れたのだが、初めから

古びた味が良かった。15年使ったら、もっと味がでてきた。

## 新品よりも美しい

「廃品利用だから、商品性は低くてもいいだろう！」では、ただのリサイクルになってしまう。アップサイクルとリサイクルの違いをよく理解していただきたい。先ずは商品としてステキで、それがナント廃品利用だったというビックリが加わる。自称エコ派としては、購入して自慢せずにはいられない。

　ドイツのプラネット・アップサイクリングという店に並ぶ商品はアップサイクル・アートのレベルと言ってよさそうだ。自転車の古タイヤを切り刻んで作ったブレスレットはスゴイ！

## ツケ払いの時代を愉しく生き抜く

　Upcycled というキーワードでネット検索していただきたい。実例が山ほど出てくる。オンラインショップ"Etsy"には、Upcycledとうタグが付いた商品が、3万件ほど出品されている。因みに"Etsy"では、世界中のクリエイターやアーティストが作ったハンドメイド作品やヴィンテージ品が購入できる。

　すでに始まったツケ払いの時代を愉しく生き抜くには、シナヤカなセンスがきっと必要なのだと僕は思う。

**アップサイクルテーブル（非電化カフェ）**：廃品のシンガー製足踏みミシンの脚部と廃材を組み合わせて作ったテーブル。

# #51 コンポスター

## メタンガスを発生しない生ごみ分解法

**ポータブルコンポスター(非電化工房製)**：赤い取っ手を持って10回ほど回すと空気が混ざって好気性発酵が進み、1〜2週間で生ごみを分解する。分解後は白い取っ手を持って畑に運ぶ。内容積は20リットル(写真は住み込み弟子の阿部美咲)。

## 生ごみ処理機がブームになった

　生ごみ処理機がブームになったことがある。1991年頃のことだ。プラスチックのバケツをさかさまにしただけのシロモノが数万円もしたのに、よく売れた。自治体がほぼ全額を補助してくれたからだ。自治体にしてみれば、膨大なごみ処理費用を減らせると期待した。

　バケツをさかさまにしだけだから、空気とは混ざらない。当然、空気を嫌う嫌気性微生物が活躍して、生ごみを分解してくれる。嫌気性微生物の特徴で、ドロドロになり、悪臭が漂う。メタンガスを発生するのが一番の問題だ。メタンガスの温室効果は$CO_2$の25倍もある。

## 電気式の処理機が主流になった

　実は、生ごみ処理機の購入助成制度は、今でも多くの自治体が実施している。補助の主な対象機器は、「機械式生ごみ処理機」だ。電気の力で生ごみを乾燥してしまう。畑が無くても捨てるか燃やせばいい。しかし、800ワットほどの電力を消費する。機械式生ごみ処理機の導入で、自治体のごみ処理費用は減るかもしれない。しかし、ごみを処理するのに、電力を大量消費するのは、なんだか変だ。

## 好気性の分解がいい

　生ごみを分解するには、嫌気性微生物ではなくて、好気性微生物にまかせた方がいい。ドロドロではなくサラサラになるし、悪臭も発生しない。そして何よりもメタンガスを発生しない。但し、空気とよく混ぜないと好気性微生物は活躍してくれない。電気の力で攪拌したり、空気を通したりすれば空気とよく混ざるが、電力がもったいない。

## 回転式コンポスト

　電力を使わないで生ごみと空気をよく混ぜるコンポストを作ってみた。写真をみていただきたい。「回転式コンポスト」だ。横についている赤い棒の端を持ってドラムを回転させる。小学生でも回せる。ドラムを回転させると、中のごみがつれ回りしつつ攪拌されて、空気が良く混ざる。一日に10回転くらいさせれば、1〜2週間で生ごみは分解される。好気性微生物の力だ。この構造ならば自分で作れる。

　生ごみに限らない。雑草でも、古新聞でも、木綿の古着でも、肥料になる。循環型のライフスタイルを愉しみながら実感できる。分解できないプラスチックは使いたくなくなる。

**木製コンポスター（非電化工房製）**：内容積200リットルの大型の回転式木製コンポスター。雑草や古新聞
も肥料にできる。

# CATEGORY 6

エネルギー

# エネルギーと幸せの
# 関係を考える

**モンゴル遊牧民のための馬力発電機:**バッテリーと発電機を載せた4輪車を馬で牽引する。車輪が回ると発電機が回転して発電し、バッテリーに蓄える。草原を2時間走ると遊牧民はTVと照明を1週間愉しめる。

## 馬力発電

　モンゴル遊牧民のために馬力発電機を提供したことがある。4輪車にバッテリーと発電機を搭載し、馬で牽引する。中古の4輪車と中古のバッテリーはウランバートルで手に入る。中古の発電機は日本で安く手に入る。車輪が回転すると発電機が回って、電気を起こし、バッテリーに蓄える。草原を2時間走ると、遊

牧民はTVと照明を1週間愉しめる。

## TVと照明は切なる願い

　モンゴルの冬は寒くて長い。外は零下40℃。隣家は10km離れている。長い夜を指の太さのローソクだけで耐え忍ぶ。寂しさを通り越して恐怖だった記憶がある。夕食の時くらいは明るい照明の下で過ごしたい。せめてTVのニュースを見られれば世界と繋がっている気持ちになれる。

　遊牧民にとってTVと照明は切なる願いだった。TVと照明を得て、遊牧民の幸せ度は確実にアップした。遊牧民たちは涙を流して喜んでくれた。

## 電気とは？

　快適・便利・スピードをアップするのが電気の役割だと思う。快適・便利・スピードをアップすることで幸せ度がアップした時代が日本にも確実にあった。

　今も電気の力で快適・便利・スピードを更にアップし続けている。もしかすると、快適・便利・スピードを不必要にアップして不必要に不幸になっていることはないだろうか？

## エネルギー

　日本の温室効果ガス排出量12.1億トンの内の10.3億トン (85%)はエネルギー由来だ。1世帯当たりのエネルギー消費量は1965年には約18MJ（メガジュール）だったのが、2020年には約32MJと2倍近くに増大している。さて、幸せ度も2倍になったのだろうか？　どの程度まで無駄をなくしているのだろうか？　電気に代表されるエネルギーと幸せ（あるいは豊かさ）の関係を今いちど総点検してみたい。

# #52 竹炭
## 炭焼き窯も自分で作ってしまう

**自作の炭焼き窯（非電化工房）**：中古ドラム缶を使って制作した炭焼き窯。ロケットストーブの原理で高温空気を作って窯に送り込むので、半日で炭が焼き上がる。灰になることもない。総工費2万円程度。

## 竹をエネルギーとして使う

　竹が環境優等生であることを#4「竹と土の家」で述べた。竹の活用で最も期待されているのはエネルギーとしての活用だが、竹林が小規模に分散しているために、活用しにくい現状がある。ならば、家庭規模で竹をエネルギーとして活用してはどうだろうか。

## 竹炭の発熱量は大きい

　竹炭の発熱量は1kg当たり約7,000キロカロリー[*1]で、木炭と同等であり、炭にする前の竹材の2.4倍と大きい[*2]。竹炭がエネルギーとしての活用を期待される所以（ゆえん）である。因みに、木炭の発熱量は炭化前の木材の1.6〜1.8倍だ[*2]。余談だが、竹の含水率は約70%[*3]で、炭焼きの際の初期の白煙は水蒸気がほとんどだ。

## 竹炭を上手に作る

　竹炭の発熱量が高いと言っても、竹炭を作る際に燃料を過剰に消費したり、炭酸ガスを過剰に発生させては勿体ない。竹炭を作り始める時には、窯の中の温度を上げるために"口焚き"と呼ばれる燃焼を行う。窯内の温度が250℃を超えると炭化が始まるが、400℃くらいになるまでは、燃焼を継続する。この燃焼に使う燃料（一般には薪を使う）の量が多くならないようにする。そのためには、口焚きの温度を高くすると共に、窯の熱が外部に逃げないように、断熱の度合いを高くする。また、竹が窯の中で燃えて灰になる量も少なくする。できれば、灰になる竹は0%に抑えたい。

## ロケットストーブ式の炭焼き窯を作った

　炭焼き窯を廃ドラム缶で制作した。ドラム缶炭焼き窯はポピュラーだが、燃焼用の薪の使用量が多く、灰になってしまう竹の量も多い。炭焼き時間も長く、時には2〜3日を要する。そこで、ドラム缶の炭焼き窯にロケットストーブ式の熱風製作室を追加することにした。

## 半日で竹炭ができた

　ドラム缶一杯の竹が半日で100%炭になった。つまり灰になった竹は無かった。この炭焼き窯の制作コストは、廃ドラム缶代1,000円と煙突代など、合計し

---

＊1　1キロカロリー＝4.18MJ（メガジュール）
＊2　石井哲、岡山県林業試験所報告24（2008年）
＊3　高知県 website「森林営業部研究報告」

ても2万円以下で済んだ。

## 竹酢液は病害虫除去に万能

　煙突を長めにすると、煙が冷やされて凝縮し、竹酢液ができる。竹酢液には、酢酸や蟻酸、フェノール類、アルコール類などの成分が含まれていて、病害虫の除去に有効に使われる。ドラム缶の炭焼き窯で約200リットルの竹炭を焼くと、3リットルほどの竹酢液が溜まる。実際に使う時には、これを約300倍に希釈して使うので、非電化工房の田圃と畑(合計で5,000㎡)の病害虫駆除には十分の量だ。竹酢液だけでも、ほとんどの病害虫に有効だが、唐辛子やニンニクを混ぜたりすると、万能と言ってもよい*4。

---

*4　竹酢液の使い方については、日本竹炭竹酢液生産者協議会編『竹炭・竹酢液作り方活かし方』(創森社)に詳細が記述されている。

# #53 アンペアダウン
## アンペアダウンして愉しく電力使用量を減らす

**アンペアダウン**: 契約電流を下げることをアンペアダウンと言う。アンペアダウンすると電力料金の内の基本料金が安くなるだけに留まらず、電力使用量そのものが大幅に少なくなる。

## 月に11,000円以上の電気代

　電力の契約電流を下げることをアンペアダウンと呼ぶ。一般に電力料金は基本料金と従量料金の合計を請求される。例えば、60A(アンペア) で契約すると、

基本料金は1,771円。1か月に390KWH(キロワット時)使ったとすると、従量料金は13,850円で、合計15,622円という具合だ[*1]。因みに電力使用量の全国平均は、四人世帯の場合は1か月に390KWH[*2]だ。

## アンペアダウンすると何が起きるか?

　60Aを30Aにアンペアダウンすれば何が起きるだろうか?　先ず基本料金が886円に下がるので、1か月の電気代は886円安くなる。これだけには留まらない。30Aで契約すると、約3KW以上の電力を同時に使用するとブレーカーが落ちるので、電気製品の使用を調整せざるを得ない。エアコン3台同時運転ではブレーカーが落ちるので2台同時までにする。電気ストーブを2台同時に使っている時にヘアードライヤーを使えばブレーカーが落ちるので、電気ストーブは強から弱に切り替えるといった具合だ。経験的に言えば、1か月の電力消費量は300KWH程度に下がる。従量料金は10,188円となり、基本料金と合わせた電気代は11,074円となって、先の平均値よりも4,548円減った。年間にすれば5.5万円の支出減だ。

## 30Aにアンペアダウンは楽にできる

　4人家族で30Aにアンペアダウンというのは、楽にできると僕は思う。30Aへのダウンを人に薦めて来て、家庭騒動が起きた話は聞かない。慣れない内は頻繁にブレーカーが落ちて、少し揉めるが、やがては慣れる。

## 20Aは刺激的でおもしろい

　20Aまで一気にアンペアダウンというのは刺激的でおもしろい。ブレーカーは更に頻繁に落ちる。家庭騒動が起きて元の60Aに戻した例も知っているが、家族で仲良く研究して、ブレーカーが落ちないようになった家族のことも知っている。電力代は半減したそうだ。

---

*1　東京電力従量電灯Bの場合 (2023年6月1日の値上げ後の料金)
*2　2017年総務省統計。4人世帯の年間電力料金11,239円から逆算すると月間電力使用量は390KWHになる。

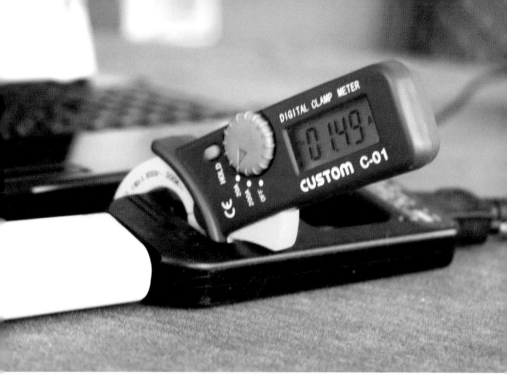

**クランプメーター：**ラインセパレーターのプラグをコンセントに差し込む。使用する電気製品のプラグをラインセパレーターのコンセントに差し込む。次に、クランプメーターの嘴部分でラインセパレーターを挟むと電流値が表示される。

## クランプメーターを活用する

　使っている電気製品の電力消費量を知っている方がいい。知らないと無駄に使ってしまう。知るためにはクランプメーター＋ラインセパレーターを手に入れる。合わせて数千円で購入できる。これがあると電気製品の電流値が直ぐに読み取れる。読み取った電流値（単位はアンペア）に電圧の100（ボルト）を掛け算すると、消費電力（単位はワット）が分かる。例えば電気扇風機の弱運転で、読み取った電流値が0.2アンペアだったとすると消費電力は20ワット……という具合だ。クランプメーターで電流値を測定するのは単純だが意外に面白い。子供たちはきっと夢中になる。そしてアンペアダウンのアイディアが生まれる。

# #54 手煎りコーヒー焙煎器と手動コーヒーミル

## 非電化で生活に潤いを！

**手煎りコーヒー焙煎器(非電化工房製)**: ガスコンロの上で左右に振りながらコーヒーを煎る。挽き立て・煎り立て・淹れ立ての極上のコーヒーを堪能できる。

### 煎りたて、挽きたて、淹れたてのコーヒーは絶品

　無農薬・有機栽培で丹念に育てられた極上のコーヒー生豆を手に入れて、自分好みに煎って、挽いて、淹れて飲む。絶品だと思う。誰もが「それはうまい」と思うはずなのだが、やっている人は少ない。

　煎るのに5～10分、冷ますのに10分、挽くのに5分、淹れるのに10分。以上合計30分。コーヒー1杯に30分も掛かるのでは、1分1秒を争って生きてきた高度

経済成長時代だったら卒倒してしまうかもしれない。今は違う。丁寧な暮らしを求める人が圧倒的に増えた。"スローライフ"とか"スローフード"は今や昔懐かしい言葉になっている。

　丁寧な暮らしというのは、ありきたりの一日をかけがえのない一日に変えることだと僕は思う。ありきたりの1杯のコーヒーで、かけがえのないコーヒータイムにしてみるのも悪くはなさそうだ。

## SPONGのコーヒーミルと組み合わせる

　生豆を自分好みに丹念に煎るのは至福の時間になるが、出来のよいコーヒーミルがあれば、挽くのも至福の時間になる。たとえば英国SPONG社のコーヒーミル。壁かテーブルに据え付ける方式なので、ハンドルを回すことに力を集中できる。世界中いろいろ探してみたが、これに勝るものは見つからない。しかし、世界一のSPONGでも5人分が限度。それ以上だと不愉快になってくる。

　だから、SPONGでも5人分までと決めて愉しく挽く。大勢の来客の時は、とっておきの電動ミル(そう、捨てないで取っておく)という使い分けはいかがだろうか。

## 丁寧な暮らしは環境に優しい

　電動の焙煎器とミルを非電化のものに変えても、電力消費量は誤差の範囲内くらいしか減らない。ならば意味が無いかと言えばそうでもない。今まで電動だった道具を非電化に切り替えると、多くの場合に丁寧な暮らしに変わる。

　丁寧な暮らしに変えると、不思議なほどに物とエネルギーの過剰な消費から遠ざかる。つまり、丁寧な暮らしは環境に優しい。コーヒーは丁寧な暮らしに切り替えるいい入口になりそうだ。

**SPONGのコーヒーミル（非電力化カフェ）**：壁かテーブルに取り付ける。SPONG社は今は存在しないが、世界で初めてコーヒーミルを商品化しただけのことはあって、挽き心地も良いが、佇まいが美しい。100年は使える。

## #55 BOSTONの鉛筆削り機
### ヘミングウェイも愛用した名機

**BOSTONの鉛筆削り機**：米国BOSTONの手動鉛筆削り機。オール金属製なので100年くらいはもちそうだ。

## BOSTONの手動鉛筆削り機

　BOSTONを僕は愛用している。ヘミングウェイもスタインベックもBOSTON
を愛用したそうだ。100年前からデザインは変わっていないと言う。オール鉄製
だから、100年くらいは余裕で使えそうだ。

　「100年使える」という話をしたら、「あと100年も生きるつもりか」とからかわれ
たことがある。そういうことではない。あと10年足らずしか生きられないだろうけ
ど、100年使えるものを使う。100年使える名器だから5,000円くらいするが、残
りの90年は誰かが使ってくれるかもしれない。安いものだ。

## 離れた処にある

　BOSTONは壁や柱に取り付ける。僕の家ではリビングルームの階段の柱に取り付けてある。僕の仕事机からは15メートル離れている。だから、発明中も原稿執筆中も、鉛筆の芯がチビルとBOSTONまで往復しなくてはならない。集中力が途切れて効率が悪いだろう……と言われるが、そんなことはない。芯がチビルと、ゆっくり立って、ゆっくり歩いてBOSTONにたどり着く。芯の尖り具合を感じながら、ゆっくり削って、ゆっくり仕事机に戻る。この間合いが、発明や原稿執筆の集中を高めてくれる。

## 本当に効率が大事か？

　効率を考えれば、手動の鉛筆削りよりも電動の鉛筆削りがいい。電動の機械は壊れるから、鉄製である必要はない。事実、すべての電動鉛筆削り機はプラスチック製で安い。更に効率を考えると、一家に一台ではなく、各机に一台がいい。実際に鉛筆削り機の歴史はその通りの道を歩んだ。そこから先は知れている。鉛筆よりはシャープペンシルがよく、シャープペンシルよりはパソコンがいい。パソコンのキーボードを叩くよりは音声認識がいい。はたして素晴らしい発明や原稿が生まれるだろうか？

　余談だが、非電化工房の暖房の主役は薪ストーブだが、脇役としてARADINの石油ストーブを使う。ARADINは現役の企業だが、90年前からデザインは同じだ。20年くらいは使っているが、芯を変えればあと30年くらいは使えそうだ。丁寧に暮らす……というのは、こんなことの積み重ねのような気がする。

ARADINの石油ストーブ(非電化工房内):20年前から使っているが、性能は変わらない。90年前からデザインは変わっていないそうだ。

# SVO発電
## 天ぷら油の廃油で自家発電が簡単にできる

**SVO発電所(非電化工房内):** 天ぷら油の廃油でディーゼルエンジン発電機を運転する。非電化工房全体に電力を供給する。

## 天ぷら油の廃油で発電する

　天ぷら油の廃油で発電できる。定置型のディーゼルエンジン発電機を設置し、天ぷら油の廃油で自家発電する。実は、非電化工房の電力供給の主役は天ぷら油の廃油発電だ。各建物の屋根に乗っている小さな太陽光パネルが脇役を担う。

## BDFがよく知られている

　植物油でディーゼルエンジンを動かす方法としては、BDF(バイオ・ディーゼル・

フューエル)がよく知られている。天ぷら油の廃油からBDFを作る、あるいは菜の花を栽培して、菜種油からBDFを作る。作ったBDFでディーゼルエンジンを動かす。

ただし、植物油からBDFを作るには、メチルアルコールのような薬品を使って、植物油の中のグリセリンを取り除く。僕もたまにやるけど、少しばかり面倒だ。費用も掛かるので、実施する人は少ない。

## SVOの方がおもしろい

BDFではなく、天ぷら油の廃油そのもので発電したり、車を走らせることもできる。僕のオススメはこちらだ。グリセリンを取り除かないので油は粘っこい。だから寒い時には、ディーゼルエンジンの配管の細いところで詰まってしまう懸念がある。そこで寒い時には、エンジン始動時と停止時だけは軽油に切り替える。つまり、タンクを一つ追加し、追加したタンクには軽油を入れておいて切り替える。このようなやり方はSVO(ストレート・ベジタブル・オイル)と呼ばれる。パワーも燃費も排気ガス清浄度も耐久性も軽油で動かす場合と変わらない[1]。

## 改造は簡単で合法的

普通のディーゼルエンジン車をSVOが使えるように改造するには、タンクを追加して、切り替えられるようにすればOK。きちんとやれば法律には触れない。簡単にできて、車の燃料代や電力料金をタダ同然にできる。ぜひお薦めしたい。

---

[1] 足利工業大学・根本泰行氏の学術論文による

# 廃車風力発電機

## タダ同然で風力発電機を作る

**廃車風力発電機(非電化工房内):** オートバイの廃車で作った風力発電機。後輪に羽と尾翼を付け加えただけで風力発電機になる。廃車は宝の山だ。

## 発電力は風速の3乗に比例する

発電力は風速の3乗に比例する。風速が秒速10mの時と、1mの時とでは、発電力は10の3乗倍、つまり千倍違ってくる。人は風が強い所には住まないので、住宅地の風は弱く、年間平均風速は秒速1m前後だ[*1]。一方、風力発電機の能力は、秒速10mの風が吹く時の発電力を表示することになっている。

## 宅地で風力発電は採算が合わない

発電能力1キロワットの風力発電機を数十万円で購入する。1キロワットと言うのは、風速が毎秒10mの時の表示だ。自宅に設置すると、実際の発電力は1ワット程度だ。風速が毎秒1m程度だからだ。24時間運転しても発電量は24ワット時。系統電力の電気代が0.7円分くらい浮く勘定だ。これでは採算が合わない。

だから、風力発電機は、秒速10m以上の風が常に吹く場所に設置される。

## 風力発電機をタダで作る

　風力発電機をタダで作れれば話は別だ。発電しただけ得になる。そもそも発電機が高価なのは、発電機本体・回転軸・軸受け・歯車・クラッチ・ブレーキ・バッテリー・構造体などなどの部材費と加工費が必要だからだ。これらの部材は、自動車にはすべて含まれている。加工もされている。だから、自動車の廃車をタダで手に入れて利用すれば、風力発電機はタダ同然で作れることになる。

## 作ってみたら出来た

　オートバイの廃車をタダで手に入れた。廃車だが、エンジンとタイヤとバッテリー以外は全部生きていた。後輪のタイヤを外し、車輪に手製のプロペラと尾翼を付けた。バッテリーは再生した。以上で出来上がり。パイプを立てて、オートバイを逆さまにして括り付けた。風速1m／秒の風でも、ちゃんと発電してくれた。街灯の電力くらいは十分に賄える。

## 廃車は宝の山

　この制作を通して、自動車の廃車は宝の山だという印象を強く持った。乗用車は2万点の部品から成るとよく言われるが、それらの一つ一つがすごいものばかりだ。それらのほとんどが壊れていない。つまり生きている。生きたままクズとして捨てられる。あまりにモッタイナイ！

---

＊1　杉並区地域エネルギー懇談会資料によれば、2000年から2011年の12年間の平均風速は毎秒0.7mだった。

# #58 ロケットストーブ
## 自分で作れて効率は抜群

ロケットストーブ式コンロ（非電化工房内）：銀色の筒は焚口。白い筒は2重になっていて、内側の筒の中を炎が通る。筒の周りは断熱材で囲まれているので、炎の温度が高くなる。燃焼効率もよくなる。

## ロケットストーブ作りが流行った

　ロケットストーブ作りが、日本と韓国と米国で小さなブームになった時期がある。2010年ごろだ。今は飽きてしまってやる人は少ない。ブームになった理由は2つある。1つ目は「ストーブを自分で作れるのか！」という驚き。いとも簡単にできて、効率も良い。コストも安い。2つ目は「ロケットストーブ」というネーミングが受けたこと。昔からあった方式なのだが、米国で「ロケット」と名付けられてからブレークした。ストーブやコンロを使わない若者までが作った。もちろん作っても使わなかった。

## ロケットストーブは効率がいい

　ブームは去ったが、ロケットストーブの価値が下がったわけではない。ロケットストーブというのは、断熱材で囲ったヒートライザーという筒の中で燃焼させる。燃焼温度は高くなって、高温の空気を押し出す力が強くなる。オンドルのように、高温空気を通す経路が長い場合に有効だ。また、空気を引き込む力も強いので、薪が燃えやすい。この特徴を活かすと、よく燃えるストーブができる。燃焼温度が高いので、不燃焼成分がすくなくなって、燃焼効率が高くなる。

## ロケットストーブの用途は多い

　ストーブではなくてコンロを作る人が日本ではほとんどだ。ストーブ作りは大変だし、そもそもストーブを使う人は少ないからだろう。だが、ロケットストーブの用途はコンロやストーブだけではない。例えば、ロケットストーブで高温の燃焼空気を作って石窯に送り込めば、ロケットストーブ式石窯ができる。一般の石窯と違って短時間で温度上昇し、気温が低い時でも使用できる。ロケットストーブ式の五右衛門風呂、ロケットストーブ式焼却炉など、応用の範囲は広い。自給自足派としては身に着けておきたい技術の一つだ。

　広島県三次市の荒川純太郎さんは、ロケットストーブの普及に今でも熱心に取り組んでいる。ロケットストーブに関心のある方は、荒川さんが主宰する「日本ロケットストーブ普及協会」にアプローチしていただきたい。

## #59 断熱便座
### 電気式暖房便座は不要になる

**断熱便座**：便座の上にフェルトを敷く。真冬でもお尻は冷たくない。もちろん電気代は要らない。

## 電力消費量を測定してみた

　暖房便座・温水シャワー・消臭機能付の、代表的な便器の消費電力を24時間にわたって測定したことがある[*1]。結果は24時間で724ワット時の電力消費量だった。この測定は3月下旬の温暖な日に神奈川県の3人家族の住宅で行われたものだ。北海道で真冬に測定されたものではない。このような便器が全世帯に普及したと仮定し、全世帯数5,000万を乗じてみると131億キロワット時となり、原発1.5基分の総発電量に匹敵することになる。暖房便器の世帯普及率は80％程度なので、実際には100億キロワット時程度と推定される。快適の代償は小さいものではなさそうだ。

## 便座はなぜ冷たく感じるのか？

　もっとも多く電力を消費しているのは暖房便座だ。1日の電力消費量0.74キロワット時の内の46％、0.33ワット時がこれに相当する。暖房便座の表面温度は40〜45℃程度に設定され、設定温度以下になると便座内蔵のヒーターに通電して便座を加熱する。表面温度とトイレ室内温度の差に比例して熱は逃げるから、この値は真冬には2倍近くの値になるし、北海道では九州の2倍近くの電力を消費する。

　そもそも、便座はなぜ冷たく感じるのだろうか？　「便座表面の温度が冷たいから」と考えられがちだが、違う。本当は、熱が奪われる速さが速いほど冷たく感じる。だから、同じ温度でも金属と木では、金属の方が冷たく感じる。金属の方が熱伝導率が高い（銅とヒノキでは約4000倍）ために、熱が速く伝わり、冷たく感じる。便座に使われているプラスチックの熱伝導率は銅の1000分の1程度で、金属に較べれば冷たく感じにくいのだが、木に較べれば数倍、羊毛に較べれば10倍程度は熱が速く伝わり、ある程度は冷たく感じる。

## 便座にフェルトを敷く

　だから、便座を冷たく感じないようにするには、便座を熱伝導率の低い材料で作るか、さもなければ便座を熱伝導率の低い材料で覆えばよいことになる。実際に羊毛や化繊の便座カバーがよく使われているが、これでも十分に威力を発揮する。厚さ3mmくらいの発泡スチロールやスポンジシートを切って、お尻との接触部に貼れば完璧だ。トイレの室内温度が0℃でも便座はまったく冷たく感じない。掛かる費用は数百円以下、電気代はタダだ。快適は必ずしも電気を使わなければ成し遂げられないわけではないようだ。

---

＊1　藤村靖之『愉しい非電化』（洋泉社）

# 非電化シャワートイレ
## #60
### 電気式シャワートイレも不要になる

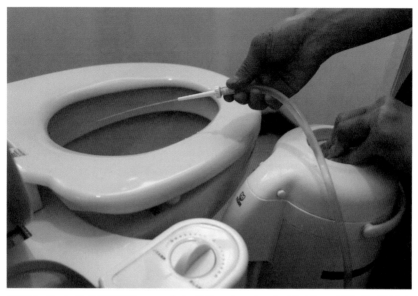

**非電化シャワートイレ(非電化工房製):** エアーポットの注ぎ口にホースとノズルを取り付ける。風呂の残り湯を入れておけば、"押すだけ"で微温湯がお尻を洗浄してくれる。

## 非電化シャワートイレ

　前述の実験によれば、温水シャワーのために1日に360ワット時の電力が消費されていた。エアコンなどに較べれば微々たる消費量だ。気にしないでもよさそうだが、そのエネルギーのほとんどが追い炊き、つまり使っていない時に温度を一定に保つために消費されているとなると話は別だ。この種の無駄は省きたい。そこで、非電化シャワートイレを作ってみた。

## 1時間で出来た

　エアーポットを手に入れて、注ぎ口にシリコンホースを繋いだ。シリコンホースの先にノズルを繋いだら、温水シャワートイレができた。ノズルは歯のジェットウオッシャー用交換ノズルを300円ほどで手に入れた。エアーポットは3,000円

ほどの安物、シリコンホース代は200円だった。

## 風呂の残り湯を入れる

　エアーポットに風呂の残り湯を入れておく。2.2リットルのエアーポットで、4人家族なら2〜3日はもつ。問題はお湯の温度が2〜3日もつかどうかだ。結果はオーライ。3日たってもお尻は冷たくなかった。

　エアーポットは真空断熱式の魔法瓶だ。真空断熱だから中のお湯は冷めにくい。しかし、いくら真空断熱でも時間が経てば冷める。100℃近くのお湯なら2時間くらいで90℃以下になってしまう。冷め方、つまり外部への熱の伝わり方は、内外の温度差に比例するから、お湯の温度が高いほど速く冷める。ところが、お湯の温度が低いと冷めにくい。内外の温度差が小さいからだ。魔法瓶は高い温度のお湯を冷まさないのが得意と思われているが、実は低い温度のお湯を冷まさない方が得意なのだ。とても面白い。

# #61 スグレモノの非電化製品たち

心が穏やかになり、人と地球に優しくなる

**足踏みミシン(非電化工房内)**:筆者愛用のシンガー製足踏みミシン。慣れると電動ミシンよりも上手く縫える上に、一体感が生じて心地よい。

## 電化製品の意味

　電化製品は快適・便利・スピードをアップする。悪くはないが、いいことばかりではない。そもそも何かを得れば何かを失うのは道理だ。失うものの一つはエネルギー、失うものの2つ目は環境持続性、3つ目は心の穏やかさ、4つ目は……。

## 非電化製品は心を穏やかにする

　非電化製品の多くは電化される前の道具や機械、つまり古き良き時代のアンティーク製品だ。不便だった時代の遺物とも言えるが、どっこい、今でも見事に動き、崇高とも言える佇まいを見せてくれる。流行にとらわれずに長い年月を生き抜いてきたものは、人の根源の何かとの調和が感じられる。非電化製品のスグレモノたちは、僕たちの心を穏やかにしてくれる。人や自然に優しい気持ちにもしてくれる。便利を少し捨てると、失っていた大きなものを取り戻せる。

　このカテゴリの末尾を、非電化製品のスグレモノたちの紹介で締めくくりたい。

## 足踏みミシン

　足踏みミシンは1965年ごろに電動ミシンや電子ミシンにとって替わられたので、今は中古市場からしか手に入れられないが、美しくリストアーされたものが多く出回っている。それだけ根強いファンが多いのだろう。僕自身も足踏みミシン愛好者だ。ワンピースを縫うのが好きなのだが、電動式よりも足踏みミシンの方が格段に上手く縫える。機械との一体感も生まれて至福のひと時になる。

## DULTONのジューサー

　写真のジューサーはシンプルで使いやすい。オレンジなどを半切りにして挟む。右側のハンドルに体重を載せて圧し潰せばフレッシュジュースができる。電動ミキサーのように袋まで切り刻まないので、美味しいジュースができる。絞り立てを飲むと細胞が蘇るような爽快さを覚える。

　DULTONという会社は日本の企業なのだが、金属製の道具や機械しか作らない。デザインもシンプルだから飽きないし、部屋に調和する。DULTONの台皿秤とキッチンタイマーも長年愛用している。あと100年くらいは使えそうだ。

**DULTONの非電化製品**：左上はキッチンタイマー。左下は台皿秤。右はジューサー。いずれもガラス以外はオール金属製で、100年くらいは使えそうだ。

# CATEGORY 7

移動・通信

# 自家用車が無くても
# 幸せに暮らせる社会

**重い車:** 渋滞する道路では車が自転車くらいのスピードで走っている。よく見ると重い車に1人か2人しか乗っていない。

## 環境先進都市フライブルクの話

　とある環境関連のシンポジウムでの話を紹介したい。パネルディスカッションに一緒に登壇した某有名教授曰く、「環境先進都市フライブルクでは電気自動車しか走っていない。排気ガスゼロで空は澄んでいる。$CO_2$も排出しない。これからは電気自動車の時代だ」。フライブルクの美しい風景を見せながらの話題提供は説得力があって聴衆を惹きつけた。「そうだ、電気自動車だ!」という雰囲気が会場に満ちた。

　僕は反論した。「フライブルクは本当に立派な環境先進都市で、世界のお手本だと僕も思う。フライブルクでは、50年くらい前から自動車が無くても幸せに

暮らせる街づくりを進めてきた。自家用車は市の郊外の公共駐車場に駐車して、旧市内は公共循環バスしか走れないようにした。公共循環バスはゆっくり走るので、交通事故はゼロになり、子供たちは道路で遊びまわっている。空気もきれいになった。$CO_2$排出量も激減した。その公共循環バスをディーゼルエンジン車から電気自動車に変えただけに過ぎない。フライブルクから学ぶべきは、自家用車が無くても幸せに暮らせる社会を実現したことであって、電気自動車にしたことではない」と。

## 移動に伴う$CO_2$排出は多い

　日本人は一人当たり年間に11,000km（地球を4分の1周以上）移動し、それに伴って$CO_2$を1,550kg排出する。11,000kmの内5,000kmは自動車で移動している。自動車（ガソリン車とディーゼル車）は移動距離当たりの$CO_2$排出量が多いから、1,550kgの80%は自動車による移動に伴って排出されている[1]。実際のところ、同じ距離を走るのに、一人当たりだと自動車は自転車の87倍、鉄道の10倍、バスの2.8倍の$CO_2$を排出している。

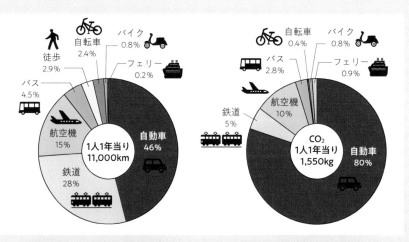

**移動距離**：1人1年間の平均移動距離は11,000km。地球4分の1周以上だ。自動車による移動が約5,000kmで、全体の46%を占める。

**CO2排出量**：移動に伴う$CO_2$排出量は1人1年間に1,550kg。自動車による移動が全体の80%を占める。

---

*1　IGES（地球環境戦略機関）による

## 自動車の台数は増え続けている

　1960年に国内で走っていた自動車は44万台だった。1980年には3,733万台、1990年には5,799万台、2000年には7,458万台、2020年には8,185万台と自動車の台数は増え続けて今日に至っている[*2]。

**自動車保有台数の推移**：1960年には44万台だった国内の自動車保有台数は、今日では8千万台を超える。

## 重い車に1人で乗る

　重い自動車に1人で乗って長く移動するから、一人当たりの$CO_2$排出量は多くなる。日本の車の平均乗車人数は、平日は1台当たり1.33人、休日は1.72人なのだそうだ[*3]。だから$CO_2$を減らすには、

　①なるべく移動距離を減らす

　②なるべく自転車や鉄道やバスを利用する

　③なるべく軽い車にする

　④なるべく大勢で乗る

　ということが大事だ。燃費を良くするとか電気自動車にするという議論も大切かもしれないが、車が無いと生きてゆけないような社会を維持し、重い車に1人で乗りながら燃費や電気自動車の議論だけをするのは何だか変だ。

---

*2　環境省環境統計表による

*3　国土交通省website(https://www.mlit.go.jp/report_ja/)による

# 重力エレベーター

**#62**

## 自然の原理だけでできることは実はたくさん有る

**重力エレベーター（非電化工房内）**：廃車の後部に水タンクが載せられている。廃車とカウンターウェイトは
ロープで繋がれ、坂上の大木上部の滑車に吊るされている。坂上には小さな池があり、水タンクと繋がれ
ている。

## 重力エレベーターとは

　重力エレベーターというのは、電力や化石燃料に頼らないで、重力だけで昇
降するエレベーターのことだ。一般的には、坂道にレールを敷き、人を載せる車
と水を載せる車をロープで繋いで、滑車で吊るす。坂の上には池があり、水を載
せる車とパイプで繋がれる。例えば10人の人が下から昇るとすると、坂の上にあ
る水用の車に池からの水を送る。水を載せる車の重さが人を載せる車の重さを
上回れば10人を載せた車は坂道を昇る。次に5人が降りようとすると、坂の下の
水用車から水を排出する。人の車より軽くなれば、5人を載せた車は降りてくる。

かくして、10人が昇って5人が降りてきた。この間の操作は、水のコックを2回ひねっただけだ。

　重力エレベーターを世界で初めて本格的に建設したのは、英国ウェールズにあるCAT(Centre for Alternative Technology)だと思う。上述の方式で30メートルくらいの高低差を昇降する。世界中から訪れた見学者が興奮していた。50年ほど前の話だが開発を少し手伝ったのでよく覚えている。

## 重力エレベーターを作ってみた

　レールは敷かず、タダで手に入れた廃車を使った。坂の上にヒマラヤ杉の大木があったので、滑車を木の上に吊るし、カウンターウェイトをぶら下げた。水のタンクはバンの後方に積んだ。坂の上に小さな水溜りを造った。水溜りから水タンクにパイプをつなげた。タンクからの排水は坂の下の池に繋いだ。以上で出来上がり。総工費は2万円ほどで、CATの数万分の1に収まった。ただし、定員4人で、15メートルしか昇降しない。タダで手に入れた廃車だから、エンジンは動かないが車軸もタイヤもブレーキもしっかりしていた。僕たちにとっては宝の山だ。

## 自然の原理で出来ることはたくさんある

　重力エレベーターは1メートル動くなら10kmでも動く。10km動いてもCO_2排出量はゼロだ。案外すごいと思う。電気を使わなくては何もできないと思い込んでいる子供たちと一緒に乗って感激させて上げたい。

## ムックは戸を閉めてくれない

　ムックというのは非電化工房で飼っているコーギー犬だ。自分の力でガラス引き戸を開けて、開け放しで出てゆく。開けたら閉めるように躾けを試みたが上手くゆかなかった。仕方が無いので、1kgほどのウェイトをブラ下げて、自動的に閉まるようにした。ムックにとっては、開けるときに1kg余分な力を要するが、苦にはしていないようだ。こういう話はいくらでもある。電気とガソリンがエネルギーのすべてではない。自然の原理をいま一度見直して活用していただきたい。幸せ度を上げながらという条件つきだが。

## #63 紙製自動車
### 重くない自動車を自分で作ってみた

**竹と紙の自動車**（非電化工房製）：竹と紙で作ったキャビンと電動三輪車を組み合わせた電気自動車。屋根の上のソーラーパネル（50W）で発電してバッテリー（240Wh）に蓄える。1回の充電で300km以上走行できる。

### 竹と紙の自動車を作ってみた

　竹と紙でキャビンを作り、電動三輪車と組み合わせて「紙製電気自動車」を作ってみた。裏の竹籠から竹を切り出してきて、キャビンの骨を作る。竹籠と同じやり方だから簡単に作れる。古新聞紙と水を洗濯機でかき回して紙の元を作り、竹籠に塗り付ける。防水用の水性塗料を塗ればキャビンが出来上がる。キャビンの重さは10kg、電動三輪車の重さが30kg、バッテリー3kg、太陽光パネルが1kg、その他……合計すると50kg。軽い自動車ができた。

### 300km走れた

　軽いので長距離を走ることができる。車の屋根に載せた50Wの小さい太陽

光パネルで、240Whの小さいバッテリーに充電する。晴天なら5時間ほどでフル充電できる。1回の充電で300km以上走ることができた。自動車は軽ければ燃料消費を少なくできるという当たり前のことを実感できた。

## 車庫も竹で作ってみた

ついでに、車庫も竹で作ってみた。柱から屋根まで全部竹にすれば材料費をタダにできるのだが、駐車中も太陽光で充電するために、屋根にはポリカーボネイトの波板を貼った。この材料費に3,000円ほど掛かってしまった。中古の電動三輪車、バッテリー、太陽光パネル、車庫の屋根などなどトータルでは10万円ほど掛かった。

**竹製の車庫**：非電化工房の竹藪から切り出してきた竹で車庫を作ってみた。太陽光発電のために屋根はポリカーボネイトの波板を使った。総工費3,000円。

**キャビンの開閉**：軽くするためにドアを無くし、乗降時にはキャビンごと開閉する。

## #64 SVO車

### 天ぷら油の廃油で普通に走れた

**SVO車と諸留章さん:** 植物油の廃油そのもので走る車のことをSVO車と言う。ディーゼルエンジン車を少しだけ改造する。パワーも効率も排気ガスも寿命もすべて軽油で走るのと同等。写真は非電化工房のワークショップでSVO車に改造した諸留さんと、愛用のSVO車。

## 天ぷら油の廃油で走る

天ぷら油の廃油で車を走らせる。エコでカッコイイ。先日もミュージシャンの松谷冬太さんに勧めた。天ぷら油の廃油をもらいながら巡業公演する。車から電力を取り出すこともできる。「いま使っているスピーカーの電力は、この町の〇〇さんからいただいた天ぷら油の廃油で……」などとトークする。いい雰囲気になりそうだ。

## ディーゼルエンジン車限定

　ただし、車はディーゼルエンジン搭載車に限られる。SVO発電(#56)で紹介したように、ディーゼルエンジンは普段は軽油で動かすが、実は植物油でも動く。

## SVO車への改造は簡単

　普通のディーゼルエンジン車をSVOが使えるように改造するには、タンクを追加して、切り替えられるようにすればOK。適切に扱えば[*1]法律には触れない。簡単にできて、車の燃料代や電力料金をタダ同然にできる。$CO_2$発生量もゼロに近づけられる。お薦めしたい。

---

*1　車検の際に「サブタンクと切換弁追加。植物油及び軽油で運転」と車検証に追記して届ける。

## #65 車を持たない生活
### テレワークの会社に転職などなど

**車が無い町オスロ:** ノルウェーの首都オスロは、市内への車の乗り入れが禁止されている。オスロのように都会への自動車乗り入れを禁止する動きは世界的に広がりを見せている。

## 自動車乗り入れ禁止の街が増えている

ドイツのフライブルクに関わるエピソードを前述した。フランクフルトは1970年頃から取り組み始めた。2010年頃からはヨーロッパの多くの街でもクルマの乗り入れを制限するようになった。例えばノルウェーの首都オスロ。2015年から取り組み始めて、2018年には旧市内は公共交通と運搬車と緊急車両以外の乗り入れ禁止を達成した。

マドリッド、パリ、メキシコシティ、アテネ、モロッコのフェズ、ロンドンなどなど、都市部への自動車乗り入れを禁止する動きは世界的に広がりを見せている。

## 車を持たない生活

　車を持たない生活、あるいは車にはたまにしか乗らない生活を指向する人たちも欧米や中国・韓国・日本で増え始めている。それをサポートすることをビジネスとする新興企業も増え始めている。例えばライドシェアをサポートする中国のDiDi(滴滴出行)やアメリカのUberは、またたく間に大企業に成長した。ライドシェアというのは、個人が空いた時間を利用して自家用車で乗客を有償で運ぶシステムのことだ。日本のNottecoもライドシェアをサポートする。

## 在宅勤務

　新型コロナ感染症拡大に伴って日本でも在宅勤務が急拡大した。在宅勤務による移動距離の削減効果は大きかった。総務省の調査によれば、2020年5月には25.7%、2020年11月調査では24.7%が在宅勤務となっている。パンデミックの沈静化に伴い在宅勤務の率は減り始めているが、一定程度は定着している。

　在宅を指向する人も増え始めた。在宅勤務の仕事を斡旋するエンゲージという会社には70万件以上の在宅勤務求人がストックされているそうだ。完全在宅勤務の仕事もあるが、2〜3日在宅あるいは1日4時間以内など、勤務の形態や仕事の内容を自由に選べるのがいい。

## 田舎暮らしで在宅勤務

　都会に勤務する人で田舎暮らしを夢見る人は多い。しかし、田舎暮らしは企業勤務と両立しないケースが圧倒的に多かった。今は、在宅勤務を選べる企業も増えてきたので、田舎暮らしと企業勤務を両立できるチャンスが増えている。

　例えば、田舎に暮らし、週3日は在宅勤務で稼ぎ、4日は自給自足生活を愉しむ。通勤時間がゼロになり、仕事の時間帯も選べるので、週5日勤務のときと較べると、自由時間は2〜3倍に増える。家賃などの支出は減り、疲労もストレスも減る。仲間は増える。自由時間と仲間が増えれば自給率はアップするので、支出は更に減り、週3日勤務の報酬で賄えるようになる。自由時間にできるスモールビジネスを追加すれば、貯金も増える。

# CATEGORY 8

生活スタイル

# 愉しく暮らせる
# ライフスタイルを

**キャンプ場（非電化工房内）**：国内のキャンプ場総数は2,064か所（2015年）で増えつづけている。キャンプ愛好者には自然を愉しみ、環境を大切にする人が圧倒的に多い。このところのキャンプ人口の増加は環境問題にとって好ましい状況だ。

## 環境を大切にするライフスタイル

　ジョン・シーモア[*1]によれば、人の行動には環境に良いことと、環境に悪いことのどちらかしか存在しない。確かにその通りだと思う。しかし、いくら環境に良いことでも、辛いこと・不健康なこと・お金がかることは長続きしない。環境に良いことが愉しくできて、健康にも良く、お金が掛からないことがいい。そういうライフスタイルを身に付けたい。それが趣味になると、もっといい。

## 丁寧な暮らし

　ガサガサしている内に1日が過ぎ、セカセカしている内に1年が過ぎる。うっかりすると、そういうことになりかねない。この頃の文明の危うさだ。余計な情報と余計なモノが多すぎる。厄介な文明を僕たちは作ってしまったようだ。だから、強い意志で丁寧な暮らしをこころがけないと、後悔の多い人生になってしまいそうだ。

## 循環性と多様性

　環境持続性を守るためには、循環性と多様性を守ればいい。昔から言い古されていることだし、誰もが知っていることだ。本当にその通りだと思う。問題は、誰もが知っているが、誰もやっていないことだ。循環性と多様性と言っても実感が湧かないこと、それと愉しさが伴わないことが誰もやっていないことの原因だと思う。だから、循環性と多様性を愉しく実感できるライフスタイルが望ましい。例えば鶏(前述#34)やミツバチを飼育する。前述(#51)のコンポスターを使ってみるのもいいし、大豆を栽培する(#43)のもいい。いずれにしても愉しくやることが肝心だ。

---

*1　ジョン・シーモア『地球にやさしい生活術』(TBSブリタニカ)

# #66 ストローを作る

### ライ麦の鉢植えでストローを作る

**ライ麦:** プラスチック製ストローは1本当り0.52 gの$CO_2$を排出する。ライ麦を育てれば、茎からストローを作れる。麦は鉢植えでも簡単に育てることができる。

## 1日に1億本のストローが捨てられている

　プラスチック製ストローが5億本捨てられている。1年ではなくて、1日5億本だ[*1]。1本の重さは約0.5gにすぎないが、塵も積もれば年に9万トン。アメリカの話だ。日本では1日1億本、年に約2トンと推定される。

## 週に5gのマイクロプラスチックが体内に

　ストローに限ったことではないが、捨てられたプラスチックの内の800万トン

は海に流され[*2]、魚の体内に取り込まれ、回り回って人間の体内に取り込まれる。水や海産物を通して1週間に5gのマイクロプラスチックが体内に取り込まれている[*3]と聞くと、子どもたちの身体は大人になった時にどうなってしまうのだろうかと心配だ。

## 紙製ストローの$CO_2$排出量は4.6倍

プラスチックストローを止めて紙製のストローに切り替える動きが世界的に広まっている。紙製ストローならマイクロプラスチックの問題は解消される。ただし、$CO_2$排出量はプラスチック製ストローの4.6倍と、かえって多くなってしまう[*1]。だからと言って紙製ストローに替えることを非難するわけではない。プラスチックの流出を防ぐことが目的なのだから、役目は立派に果たしている。$CO_2$排出量というのは、原料の生産・移動・製品の製造・流通・使用・廃棄までの全工程を含む。1本あたり1.15gと重い紙ストローの方が0.52gと軽いプラスチックストローよりも$CO_2$発生量が多くなってしまったのは致し方ない。そもそもメリットがあればデメリットがあるのは道理だ。

## ライ麦を育ててストローを作る

プラスチックもやめて、$CO_2$も発生させない方法もある。例えばライ麦を栽培して茎をストローにする。麦の栽培と言うと大げさに聞こえるかもしれないが、ライ麦の栽培はいたって簡単だ。畑に畝をつくって、秋に種まきする。水遣りも施肥も雑草退治もしなくても6月くらいには人間の背丈よりも高く、立派に実る。冬に数回麦踏をした方が立派に育つのだが、しなくても育つ。

鉢植えでも育つ。秋に種まきしてベランダにでも置いておけば6月ごろには立派に背丈を超す。茎を乾かして切ればストローになる。実はライ麦パンにすると美味しい。因みに麦は脱穀の際に籾殻も外れるので、米のような籾摺は不要なのでとても手軽だ。

*1　週刊文春オンライン（bunshun.jp/articles/-/58700?/）
*2　環境省による試算（https://www.env.go.jp/policy/hakusyo/r01/html）
*3　WWFが、オーストラリア・ニューカッスル大学に委託した調査結果

**ライ麦のストロー**：自家栽培
のライ麦で作ったストロー。採
取後に熱湯消毒して乾燥状態
で保管する。写真の短い方が
標準長さのストロー。

## 大麦でもサトウキビでもストローを作れる

　ライ麦でなくてもストローを作ることはできる。大麦、サトウキビなど、筒状に
なっている草ならなんでもストローになるが細目・短か目になる。ライ麦が一番
太くて長いストローになる。

## #67 トンボ鉛筆を使う
### トンボ鉛筆という会社は偉い！

**トンボ鉛筆：**トンボ鉛筆「木物語」は、よく見ると木の途中にギザギザの継ぎ目がある。鉛筆よりも短い端材も繋いで使っているからだ。

## 日本の筆記具は世界をリード

　日本製のボールペンは年に約14億本製造され、その内の6割が輸出されるそうだ[*1]。取り分け、消せるボールペン"フリクション"（パイロット製）は2006年の発売以来、2020年までに世界で累計30億本が売られたというからすごい。しかし喜んでいるわけにはいかない。ボールペンだけで国内で1万3,000トンのプラスチックが捨てられ、3万トンの$CO_2$が排出されている。買われているボールペンのほとんどが使い捨て式だからだ。フリクションも使い捨てだ。

---

*1　2020年財務省貿易統計

## マーカーも売り上げ倍増

三菱鉛筆の"ポスカ"も良く売れている。輸出に力を入れた結果、2020年には前年比の売り上げを倍増したそうだ。ポスターカラーのように鮮やかな色のマーカーだ。100％使い捨てのプラスチック商品だ。ポスカも含めて、プラスチック製のマーカーは国内で1年に約6億3,000万本も売られているそうだ*2。

## 鉛筆の売り上げは減っている

鉛筆の国内売り上げは年に10億6,000万本(2020年)で、年ごとに減っている。シャープペンの売り上げは1億800万本と少ないが、シャープペンの替え芯は年に20億本売られているので、鉛筆に徐々に取って代わっているらしい*2。全体の傾向としては、使い捨てのプラスチック製ボールペンが増えて、使い捨てではない鉛筆とシャープペンが減っている。環境のことを考えると好ましい傾向ではない。

## トンボ鉛筆はエライ！

トンボ鉛筆という会社は本当に偉い企業だと思う。自社で広大な森林を保有し、樹木の本数を増やしながら適切に間伐し、間伐材を鉛筆に使う。

"木物語"という商品名の鉛筆は立派だ。この鉛筆を良く見ると、途中でギザギザの線がある。短い端材を繋いだ箇所だ*3。

## トンボ鉛筆を使いやすくしてみた

手が大きいので、個人的には鉛筆は苦手だった。しかし「トンボ鉛筆は偉い」と言いながら使い捨てのプラスチック製ボールペンを使うわけにはゆかない。そこで、トンボ鉛筆を使いやすくしてみた。補助軸というものを買い揃えて、太さや重さが自分好みのものを選び、これに使い捨てボールペンの滑り止めゴムを外して嵌めてみた。結果は上々で満足している。補助軸を使うと、鉛筆が極限まで短くなっても同じ書き心地で使えるのもいい。

---

*2  2020年経済産業省繊維・生活用品統計
*3  トンボ鉛筆のwebsite(https：//www.tombow.com/products/kimonogatari_recycled/)

**トンボ鉛筆＋補助軸**：トンボ鉛筆と補助軸を組み合わせ、滑り止めゴムも追加してマイペンシルにしてみた。
愛用のドイツ製Lammy（1万円）よりもよくなった。鉛筆が短くなっても使える。

# 木綿の服を長く着る
## 長く着るほど着心地がよくなる

## 木綿は肥料になる

　木綿を生ごみと一緒にコンポスターに入れておくと分解されて肥料になる。土に埋めておいても肥料になる。木綿に限ったことではない。麻や羊毛も肥料になる。つまり、環境負荷にはならない。

## 木綿は静電気を帯びにくい

　"帯電列"という言葉をご記憶だろうか。小学校か中学校で習う。電子を放出したい順番に材料を並べた表のことだ。帯電列の順番が離れている2つの材料を接触させると、両方の材料に静電気が起きる。人の皮膚は帯電列の真ん中辺りにある。木綿と麻はその隣にある。だから、皮膚と綿・麻との間では静電気は起きない。ポリエステルやポリエチレンのような化学繊維は、人の皮膚から離れたところにある。だから、皮膚との間で静電気が生じやすい。

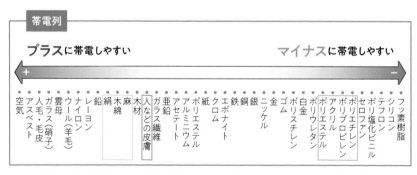

帯電列：電子を放出しやすい順番に材料を左から右に並べてある。右の方にある材料は電子をもらいやすく、マイナスに帯電する。

## 木綿は肌に優しい

　皮膚に静電気が生じると、皮膚に細かい汚れが吸い付けられる。静電気が生じていること自体が痒みの原因にもなる。木綿の肌着やシャツなら静電気が生じ

ないので、肌が敏感な人向きと言える。木綿側にも静電気が生じにくいので、汚れがこびりつきにくい。その上に、木綿は吸湿性と通気性がほど良いので、肌が乾燥し過ぎたり、汗ばみ過ぎたりすることもない。肌触りも優しい。繊維が強靭なので破れにくい。価格も手ごろだ。つまり、イイコトヅクメだ。

## せっかく木綿なのに

せっかく木綿の下着なのに、その上に羽織るシャツがポリエステルだと、肌に静電気は起きないが、下着とシャツには静電気が起きる。木綿も汚れるし、ポリエステルも汚れる。"帯電列"を忘れないようにした方がよさそうだ。

木綿の下着や寝具でも厄介な加工剤や染料で染めたものは避けたい。例えば皺になりにくくする強化材の主成分はホルムアルデヒドだ。衣服を燃えにくくする難燃剤にはPFASも含まれている[*1]。染料の中には有害重金属やPVC(ポリ塩化ビニル)が含まれていることもある。パタゴニアという企業が、PVCやフタル酸エステル不使用のインクを使ってTシャツにプリントしたことが最近話題になった。不使用が話題になるくらいに使用は常識だ。

## 白さが戻るのは不自然

"白さが戻る○○"という合成洗剤のCMがあった。合成洗剤に含まれる蛍光剤の効果で白く見えるのであって、本当に白さが戻るわけではない。せっかく木綿の下着を着ても、こういう合成洗剤を使っては台無しだ。

## スモックを着る

僕の愛用の服は木綿のスモックだ。自分の体形に合わせて自分で縫う。スモックの下は、夏は薄い木綿の下着だけ、冬は厚い木綿のシャツやウールのセーターを重ね着する。家での仕事中も外出時も、これ一着で一年中快適に過ごせる。材料費は3,000円かかったが、丈夫な木綿なので10年くらいは着られそうだ。

---

*1　4700種類以上の人工的に合成された有機フッ素化合物群の総称。環境ホルモンの一種。

**木綿のスモック**：木綿でスモッ
クを縫ってみた。下着を薄くした
り厚くしたりすれば一年中をこれ
1着で過ごせる。木綿なので通
気性がほどよい。

# 占い

## #69

### ストレスフリーの生活のために

**手作りの筮竹(ぜいちく)**：竹を割って筮竹を作った。ついでに筮筒と算木も竹で作ってみた。買うと2万円くらいするがタダで出来た。

## ストレスは環境を悪くする

　統計上は表れないが、ストレスが環境を悪化させるという説は当たっていると思う。環境問題の最大の原因が過剰な消費であることには異論が無いと思うが、ストレスが多い生活は過剰な消費に結びつきやすい。逆にストレスが少ない生活は文化的になり、無駄な消費を控える傾向が強い。

## 占いはストレスを無くす

　占いと言うとウサンクサイと思うかもしれない。確かにウサンクサイ占いが多い。占い師が自分の欲望を満たすために人をタブラカスからだ。自分のために自分で占うのは、ちっともウサンクサクない。占いの種類によっては、高い知性と言っても差し支えない。占いはストレスを無くす効果が大きい。

## 決断が生まれる

　占いの効用の一つは、決断が生まれることだ。AかBか、どちらが大切かではなくて、早く決断して行動することが大切……ということが多い。ところが、見栄や未練や優柔不断が決断を鈍らせる。事態はますます悪くなる。よくあることだ。占いは、見栄も未練も優柔不断も断ち切ってくれる。逆に、早く決断することよりも、AかBかを慎重に選ぶことの方が大切な時には、占いには頼らない。

## 生活が丁寧になる

　占いの別な効用は生活が丁寧になることだ。火に注意しろとか、異性に注意しろとか、占いは上手に導いてくれる。その通りに振る舞っていると、本当にトラブルに巻き込まれない。心も穏やかになるし、体調も良くなる。占いが当たったのではなくて、情緒が安定し、社会や自然と調和して振る舞ったからなのだけど。だから、優れた占いは、社会や自然との調和を重んじる。

## 易占い

　占いの種類はタクサン有る。僕のお薦めは易占いだ。言うまでもなく、中国の古典である「易経」に基づく占いだ。奥が深く、高い知性が要求される。自分で自分のためにする易占いは、いいことはタクサンあるが、悪いことは何も無いと僕は思う。

　易経の何たるやの紹介は省く。易占いの方法の紹介も省く。テキストを読めばすべて書かれていることだ。速い人なら3日間、遅い人でも1ヶ月もあれば達者に易占いができるようになる。但し奥が深いので、一流の占い師になるには、十年や二十年の研鑽が必要だと思う。

# #70 ハンガリーWWFの一枚の チラシ

## 稼ぎながら環境を守る

**WWFの一枚のチラシ:** エスカレーターの下で手渡したチラシをエスカレーターの上で回収する。チラシは
一枚も捨てられない。写真はWWFハンガリーのwebsiteから引用。＊1

## 都会でエコロジー活動は困難か？

　都会ではエコロジー活動は難しいと言う人は多い。しかし、環境破壊の一番
の原因は過剰な消費だ。その過剰な消費で成り立っているのが都会であるとす
れば、都会にこそエコロジー活動の種は多いはずだ。

　例えば広告。都会では広告のために膨大な電力や紙が使われている。広告を

否定するのは非現実的であるとするならば、せめて電力と紙の浪費を減らせないだろうか――そう考えた人たちがいる。WWFハンガリーの面々だ。WWFは世界自然保護基金の略。人類が自然と調和して生きられる未来を目指し、約100か国で活動している。WWF日本もある。

## 一枚のチラシ

WWFハンガリーの「一枚のチラシ」のアイディアは秀抜だ。二人一組でエスカレーターの上下に立ち、回覧式のチラシを渡す。例えば、下で渡した回覧板式チラシを上で回収する。電気は使わない。紙が無駄に捨てられることは無くなる。広告効果も大きい。エスカレーターに乗っている間は暇なので、よく見てくれるからだ。

エコのために回覧式にしていることが、さりげなく表示されているので、好意的に受け入れられる。「チラシはエコに反する」と思っていた人は、案外多かったようだ。但し、チラシの広告内容がサラ金だったり、風俗営業だったりでは反発を買う。都会で乗降者が多いエスカレーターと時間帯を選べば、広告主にとっては、一般の広告よりもコストパフォーマンスがよい。実はWWFハンガリーはこのアルバイトで活動資金を稼いでいる。

## 稼ぎながら環境を良くする

「一枚のチラシ」は一例に過ぎない。都会はビジネスの宝庫だ。環境にいいことで愉しく稼ぐ……都会も悪くない。

---

*1　WWFハンガリーのwebsite(https：//wwf.hu/)

# #71 BLD（ブラック・リトゥル・ドレス）
## N.Y.のシーナ・マティケンさんは偉い！

**シーナ・マティケンさんの日替わりBLD**：2週間分の日替わりファッション。一着のBLD（ブラック・リトゥル・ドレス）をオシャレに着回している。写真はマティケンさんのwebsiteから引用。*1

## ユニフォーム・プロジェクト*1

　NYのシーナ・マティケンさんのU.P(Uniform Projectのこと)は有名だ。BLD（ブラック・リトゥル・ドレス。小さ目の黒いワンピース）を1年365日、着回す。着続けるのではなくて着回す。つまり、アクセサリーや靴下、ベルト、布切れなどを付け替えることによって、パーティードレスにもなれば、カジュアルウェアーにもなる。海浜着にもなれば冬服にもなる。いずれもオシャレだ。1日1ファッション、年に365ファッション。アクセサリーなどの付け替える部品（？）はタダで手に入れたものばかりだ。見事と言わざるを得ない。

---

*1　Uniform Project のwebsite(https：//theuniformproject.com)

## 貧しい子のために

　インドの貧しい子どもたちの学費を募るのが、このプロジェクトの目的だった。ネット上で毎日ファッションを替えながらカンパを訴えた。365日で約10万ドルのカンパが集まり、300人の子どもが学校へ通えるようになった。U.Pのホームページをぜひ見ていただきたい。シーナさん自身がモデルになって365着の服を着こなして見せてくれる。きっとカンパをしたい気持になるはずだ。

## Social Conscious Fashion

　U.Pはアッチコッチの国に波及した。イギリスでもドイツでもオーストラリアでも、似たような試みがなされている。ファッションを使って恵まれない子どもたちにカンパを募る。Social Conscious Fashion（社会性のあるファッション）と呼ばれている。

　ファッションと言えば、金持ちが着飾るというイメージが強いが、U.Pは逆だ。センスと工夫次第で、金をかけなくても、自分を魅力的に見せることができる。周りの人をも愉しくする。そして貧しい子どもたちを救うこともできる。

## オシャレ着回し

　シーナさんを見習って、「オシャレ着回し」を試みてはどうだろうか。仲間と一緒にやるのがいいと思う。月に2回だけ1種類のファッションを完成させて街に出る。年に2回のチャリティー・ファッションショーを開いて、寄付金を集める。集めた寄付金をどうするかは、みんなで考える。シーナさんの365着には及ばないが、年に24着のファッションを実現すれば、センスが磨かれる。人生が愉しくなるような気もする。

# #72 二十四節気七十二候

丁寧な暮らしが実現できそうだ

**非電化工房の春**：非電化工房の春は遅い。2月下旬からクロッカス、水仙、ムスカリ……と1週間ごとに咲きはじめ、4月中旬には桜と桃と菜の花が一度に花開く。

## 丁寧な暮らしは環境に優しい

　ガサガサ・セカセカした暮らしは何故か過剰な消費を招き、環境を犠牲にしがちだ。逆に、丁寧な暮らしは環境に優しく、人にも優しくなるような気がする。

## 二十四節気

　丁寧な暮らしを願う人に薦めたいのが「二十四節気」あるいは「七十二候」だ。ご存知の方は多いと思うが、二十四節気というのは、一年を24の節季に細かく分けて季節感を愉しむ。一つの節季は15日間前後になる。初めの節季は「立春」。2023年の場合は2月4日〜18日までの15日間だ。2番目の節季は「雨水」で、2

月19日〜3月5日まで。24番目の節季は「大寒」で、2024年の場合は1月21日〜2月3日までの14日間……という具合だ。

## 七十二候

　24の節季を3つずつに分けたのが「七十二候」だ。1つの候は5日間前後となる。例えば、二十四節気の1番目の「立春」は、「立春・初候」「立春・次候」「立春・末候」という3つの候に分かれる。

　例えば二十四節気の2番目の「雨水」の末候は、3月1日〜3月5日ごろで、「草木萌動(そうもくめばえいずる)」という漢文が当てはめられる。草や木が芽吹き始め、ようやく目に見えて春の到来を知る頃だ。そうと知れば、散歩に出かけてみたくなる。野原には小さな花が可憐に咲いているし、木々の芽は健気に膨らみ始めているのが心地よく目に入ってくる。

## 旬の食べ物をいただく

　七十二候では、旬の食べ物をいただいて、季節を愉しむ。例えば「雨水・末候」には菜花と蛤をいただく。葉が柔らかく緑が鮮やかな菜花は、春の訪れを告げる旬の緑黄色野菜。花開く前のつぼみには、ビタミンC・鉄分・カルシウムが豊富で、ほろ苦さが身体の免疫力を高め、気持ちを和らげてくれる。この時期の蛤は美味しい。酒蒸しや煮貝は絶品だ。

## 室礼も欠かせない

　行事や室礼 (飾りつけのこと)も七十二候には欠かせない。例えば雨水・末候の行事は雛祭り。春の息吹をいただくのが菱餅。緑は蓬、ピンクは桃の花、白は雪。雪の下には蓬が芽を出し、雪の上に桃の花が咲くという春の景色を表現している。

## 二十四節気カレンダー

　「二十四節気・七十二候」は、僕の家でも時おり採り入れている。お陰で、ガサガサ・セカセカではなくて、丁寧な暮らしに近づいている。そこでお薦めしたいのが「二十四節気カレンダー」か「七十二候カレンダー」を自分で制作すること。

**非電化工房の夏**：夏には花が咲き乱れ、蜜蜂が集まってくる。蜜蜂は白と黄色しか認識できないので、なるべく白か黄色で蜜や花粉が多い花を選ぶようにしている。

「二十四節気カレンダー」の場合は二四枚の節季めくりカードをつくる。参考書から気に入ったことを抜き書きする。節季の特徴だとか、料理のこととか、行事のこと、室礼のこと……片づけ名人のコンマリ流に言えば、トキメクことだけを抜き書きする。食卓かキッチンに立てかけておいて、気が付いたらカードをめくる。たったこれだけで丁寧な暮らしに近づけそうだ。二十四節気カレンダーを制作している弟子が十人ほどいるが、例外なく丁寧な暮らしを愉しんでいる。友人に配って喜ばれたりもしている。

# 機械と家を直して使う

## 使い捨てにしないことが環境保護の基本

**稲の脱穀（非電化工房内）**：写真右は70年前の足踏み脱穀機、左は60年前の唐箕（とうみ）。中古で合わせて5万円ほどで購入したものを修理しながら使っている。

## 環境保護の基本は直して使うこと

「機械の修理は、循環型のライフスタイルの基本」と言うと、怪訝な顔をされる。いつの間にか機械は使い捨てにされるもの……ということになって、循環型とは対極にあるような印象になっている。しかし、人間は機械を、そして技術を捨てることはできない。技術を否定することは人間であることを否定することになってしまう。

技術を持つのが悪いのではなく、使い捨てにして環境持続性を損なうのが悪

いのだと思う。ならば機械が故障したら、直して長く使う。どれくらい長く使えばよいかと言うと、捨てた場合に地球が土に戻してくれるよりは長い時間は使う。だから、機械は直せば長く使えるもの、そして直しやすいものでなくてはならない。そうであれば、機械は環境持続性に抵触しない。

## 初めは習う

とは言っても慣れない修理は手ごわい。だから、最初に壊れた時はエキスパートに頼むかホームセンターに持ってゆく。ただし、2回目からは自分で直せるように、きっちりと習う。きっちり教えてくれない人の処にはタダでも持ってゆかない。

## 家の修理を愉しむ

家だって修理して長く使えばいい。ついでに美しくしてしまう。省エネルギー度を上げれば更にいい。美しさや心地よさを加えるようにしないと修理作業を愉しめない。一つ忘れていた。タダみたいに安く修理することも大切だ。自分で可能な修理を、技術が簡単な方から並べてみる。

【初級篇】部屋の壁の塗装、部屋の壁の張替え、家の外壁の塗装、棚の修理、外壁の張替え、床板の張替え、天井の張替え、デッキの修理、水道の水漏れ修理、電気の断線修理

【中級篇】窓枠のゆがみ修理、ドアの修理、引き違い戸の修理、電気の漏電修理

【上級編】付け窓、パッシブソーラーリフォーム、付け屋根、屋根の雨漏り修理

例えば「部屋の外壁の塗装」。ペンキを塗るだけのことだ。美しい色を出すためには、下地に白ペンキを塗り、その上に色が着いたペンキを塗る。例えば青ペンキ。買ってきたままの青ペンキではケバケバしすぎる。艶消しの青ペンキにライトカーキを混ぜる。するとアンティーク風の落ち着いた雰囲気になる。ペンキを塗っただけなのに、見違えるようにオシャレな家になる。

# #74 ダーチャ
## ロシアに学ぶ自給自足術

ロシアのダーチャ:」社会主義国ソ連時代に全世帯に支給された週末農業用の別荘。ウィークデーは都会で働き、週末は家族ごと移り住んで農業に励む。今でもそのまま使われている。

## ダーチャ

　ダーチャというのは、ロシアの菜園付き別荘のことだ。日本の別荘は、金持ちが週末を過ごす豪華な家というイメージが強い。ダーチャは、週末に農業をする質素な家だ。都市郊外に建っている。一部の金持ちを除く大多数の人が所有している。旧ソ連時代にタダで支給されたからだ。

　ロシア人はポテトと野菜をたくさん食べる。国内自給率はほぼ100%だ。そしてポテトの約89%、野菜の約79%がダーチャ産[*1]というから驚く。「家庭内自給率を高めれば国内自給率も高まる」というシンプルな理論の生きたモデルがここ

にある。ロシア国民の大多数は都市で働いている。しかし給料は安く物価は高い。だから週末にダーチャで野菜や穀物を自分で生産する。

## 日本でもダーチャを提供

　日本の都会では、物価は高いが給料も高い……と言うのは、これまでの話。格差社会が進行している。物価も税金も健康保険料もさらに高くなるが給料は安くなる……と自分の将来を不安に感じている都会人は圧倒的に多い。だからと言って田舎に移住する決意は生まれない。仕事が無いからだ。

　となれば、ウィークデーは都会で働き、週末は郊外で農業を愉しむというダーチャ村を提供してあげれば喜ばれる……と、兵庫県宝塚市の高草俊和・洋子ご夫妻は考えた。千葉の高田広臣さんも考えた[*2]。「ダーチャ村建設」だ。旧ソ連のようにタダでは与えない。驚くほど安いコストで提供する。なぜ安いかと言うと、安い材料を使って、みんなで一緒に作るからだ。その方が愉しいし、友情も深まる。

## 日本のダーチャはビレッジ型

　ロシアのダーチャでは、家族単位で農作業をする。農業に慣れているからだ。高草さんや高田さんのダーチャ村では、農作業に不慣れな人には手ほどきしてあげる。トラクターなどの農業機械の使い方も教えるし、貸してあげる。希望すれば、みんなで一緒に農業をする。地元の青年たちを交えた夕食会などにも誘う。その方が愉しいと思っているからだ。

　田舎に移住して半農半X的な生き方をしたいと願っている都会人は多い。しかし、現実には移住できない。仕事も家も仲間も無いからだ。きっかけすら見つからない。だから、いきなり移住ではなくて助走が必要だ。田舎憧れ派の都会人にとって、ダーチャ村は福音かもしれない。

---

*1　2006年。ロシア統計局による

*2　NPO地球守のwebsite(https://cikyumori.org/)

## 森に住む

**#75**

**究極のエコ生活**

ツリーハウス(非電化工房内)：森にはツリーハウスが良く似合う。ツリーハウスに上ると小鳥になったような自由な気分になる。写真の木は推定樹齢130年のイヌシデ。

## 山を手に入れてビレッジを作る

　渡辺章太君(30歳)は、いま山を探している。10万坪くらいの山を50万円くらいで手に入れてビレッジを作るつもりだ。章太君は非電化工房に1年間住み込んで修行に励んだ。パワーショベルを達者に使いこなせるから、開墾は難しくない。チェーンソーで木を伐採するのも得意だ。チェーンソーの切れ味が悪くなれば、刃の目立てだってできる。トラクターの運転にも慣れているし、井戸掘りもできるから、畑や水田を新たに作ることもできる。自家発電の技術も習得済だ。家

も建てられる。穀物・野菜・芋・豆の栽培もマスターした。だから、ビレッジを作るための技術は一通り会得してある。

## 山は安く買える

100坪の土地を買おうとすると1,000万円かかるのに、50万円で10万坪の土地を買える。もちろん100坪の方は宅地で、10万坪は山林なのだが、これが今の日本の相場だ。

## 自然の中で自給自足的な生活

若い人たちが移り住んでくれるビレッジを、章太君は思い描いている。自然の中で自給自足的な生活を愉しみたい。みんなと緩やかに仲良く暮らしたい。好きな技術も身に付けたい。

そういう若い人が行ける場所、そういう場所を作りたいから章太君は非電化工房に弟子入りした。ビレッジを作るための技術を章太君は一通り身に付けたが、もちろん一人でビレッジを作ることはできない。だから章太君は仲間を募集している。ビレッジ建設の段階から加わる仲間だ。技術は無くてもいい。章太君が教えてくれる。

## 体力と仲間と時間があればすごいことができる

お金が無くても、体力と時間と仲間が有れば、実はすごいことができる。大きな夢が実現できる。ただし、ほんの少し技術が要る。全員が技術を持つ必要は無い。仲間の中に一人いればいい。仲間の中に一人もいなければ、一人呼んでくればいい。

## 究極のエコ生活

山や森に住むと言うと、ひと昔前までは仙人扱いされた。今は違う。欧米では、地球環境を守る頼みの綱の一つとして期待が集まっている。林間農業(Agroforestry)や林間放牧(Silvopasture)については既に触れた。環境保全型の農業に実は適している。言うまでもなく木質資源の宝庫だ。エネルギーとしても、

**山を探す章太君：**自作の軽トラックキャンピングカーで寝泊りしながら山探し。軽トラックは山探しを応援する父親からのプレゼント。

建築資材としても、家具工芸の材料としても材料は無限だ。昔は電気が来ていないのが障害だったが、今は太陽光パネル1枚を持参すれば事足りる。昔は開拓が難儀だったが、今は中古のパワーショベル1台を手に入れれば何ほどのこともない。あとは野生動物と折り合いをつける方法を会得するだけでいい。

# CATEGORY 9

娯楽

# 自然の恵みで生きる

**ムック（非電化工房）**：ムックはコーギー犬の雄。ムックが走り回ったり吠えたりするので、敷地内に熊やイノシシは入ってこない。ムックは野生動物と人間の仲介役を立派に果たしている。

## 娯楽の意味

　辛い仕事が週に5日も6日も続くと気晴らしに娯楽が必要になる。限られた時間での気晴らしは多くの場合、大枚のお金を払わされる。してみると、娯楽は愉しくない仕事の裏返しなのかもしれない。

　そもそも愉しみの中身はなにかと言うと、美味しさ・温もりのある人間関係・美しさや優しさへの感動・心身の躍動感・達成感・成長感などなどなのだと僕は思う。それらに満ちた仕事は愉しいものとなって、娯楽を必要としないのだろう。それらが欠如していると仕事は愉しくないものとなって人は娯楽を求める。

## 娯楽は愉しくなくてはならない

　だから、娯楽は美味しさ・温もりのある人間関係・美しさや優しさへの感動・心身の躍動感・達成感・成長感などに満ちているものが選ばれる。義務感や過度の競争は排除される。多少の見栄はあってもいいし、無くてもいい。

## 自然の恵みで生きる

　自然の恵みで生きるという感性は、人間性の中でもひときわ豊かなものと思う。だから、自然の恵みで生きる感性を満たすような娯楽は望ましい。

　その意味で、野菜などの自給自足を趣味にできれば、とてもいい娯楽になり得る。但し、娯楽なのだから、愉しくなくてはならない。間違っても過度の労働、過度の競争、過度の見栄に陥らないようにする。

## #76 自給自足を趣味にする
### CO₂と支出を愉しく減らす一番の方法

**野菜の栽培（非電化工房）**：非電化工房には3〜8人の弟子が住み込みで修行に励んでいる。自分たちの食べる物、住む家、使うエネルギーはすべて自分たちでつくる。修行の眼目は、どれだけ愉しくできるかということと、スモールビジネスに繋げて収入を生み出すことだ。

### 自給自足が$CO_2$を最も減らす

　$CO_2$を排出する最大の原因は物の生産と移動なのだから、自給自足が$CO_2$を減らす最も有効な手段であることは間違いない。だから、自給自足を愉しく実現できて、それが趣味になれば申し分ない。

### 愉しい自給自足[*1]

　日本は成熟社会に移行してから久しい。3K（キタナイ・キケン・キツイ）は誰もが嫌う。美味しいこと、オシャレなこと、健康的なこと、つまり愉しいことが大好き

だ。だから、愉しい自給自足がいい。それならば、多くの人が喜んで参加してくれそうだ。

## 自然の恵みで生きる

自然の恵みで生きる感性は、人や自然への優しさをも育む。人間性のなかでも最も大切にしたいことの一つだ。だから、自給自足は、自然の恵みで生きる感性を育み、自然の恵みで生きる喜びを実感できるやり方がいいと思う。

例えば栗の木を2本だけ育てる。育てると言っても苗木を植えるだけであとは何もしないでいい。本当はした方がいいこともあるのだが、しないでも育つ。秋には実が鈴なりになる。拾いたての栗と餅米で作った栗ご飯は自然の恵みそのものだ。

## オシャレな自給自足

非電化工房ではペーターという名前の山羊と一緒に暮らしている。ペーターの小屋はアースバッグハウスだ。土を詰めこんだ土嚢袋を重ねてドームをつくる。表面には漆喰を塗り、ドアは緑色にした。非電化工房への来客の多くは「山羊を飼いたくなった」と言う。ペーターの魅力だけではなくて、小屋のオシャレの効果が大きいと僕たちは思っている。

オシャレというのは、金をかけて着飾ることではない。生活を美しくして自分と人の気分を愉しくすることだ。愉しくないことは長続きしない。幸せからも遠くなる。自給自足もオシャレなのがいい。自分たちも愉しくなるし、多くの人が仲間入りしたくなる。だから、美しければいい……というオシャレではなくて、自分たちが愉しくなり、かつ、多くの人が仲間になりたくなるようなオシャレを目指す。

## 美味しい自給自足

愉しさの一番は美味しいこと……と前に述べた。自給自足を愉しくする上でも

---

＊1　愉しい自給自足の具体的なアイディアについては、藤村靖之「自立力を磨く」（而立書房）に詳しく書かれているので参照されたい。

山羊のペーター（非電化工房）：
ペーターと時おり散歩する。道
草を食うので人間のペースでは
歩いてくれない。仕方ないので
ペーターのペースに合わせる。す
るといつもと違った風景が見えて
くる。住み込み弟子も妻（写真）も
ペーターとの散歩が大好きだ。

一番は美味しいことだと、僕は思う。僕たちが住んでいる北関東では、ジャガイモは「きたあかり」が断然美味しい。有名な男爵やメイクイーンとは比べ物にならない美味しさだ。掘りたてのジャガイモを茹でて、バターと塩で食べる。生きている喜びを感じる美味しさだ。美味しさにもいろいろあるが、この生きている喜びを実感できる美味しさが1番だ。幸せな気分になる美味しさが2番で、嬉しくなる美味しさが3番……と、自称美味しさ評論家は思う。

　4番目の美味しさは、友情が深まる美味しさ。例えば、生産に汗を流した後に、石窯で焼きたてのピザを食べる。ビールが添えられると申し分ない。友情が深まる美味しさだ。石窯を作るのは、難しくはない。耐火煉瓦を積めばできてしまう。ソーラーフードドライヤーを作って、ドライフードを愉しむのも捨てがたい。タン

ドールを作って、焼きたてのナンを手作りのスパイスカレーと一緒に食べるのも
いい。美味しさを自給自足の中心に据えると、誰もが自給自足を好きになる。

## みんなでやる自給自足

　土壁の家をセルフビルドで建てるとする。土を塗るために木舞と呼ばれる竹
格子を組む。竹藪から竹を切り出して格子状に組み上げる。十畳くらいの小さ
な家でも、一人でやると2週間はかかる。単純作業だが、一人でやると辛い。次
には土を練る。稲藁を切って混ぜる。重労働だ。一人でやると本当に辛い。そし
て土を塗る。鏝台に載せた土を鏝で塗っていく。一人でやると十畳くらいの小さ
な家でも4週間はかかる。途中で逃げ出したくなるくらいに辛い。不思議な話だ
が、みんなでやれば愉しい。竹の切り出しも、竹の格子組みも、愉しい。土練り
だって愉しい。土塗りに至っては、これほど愉しい作業を他に知らない。参加者
全員が仲良しになる。思い出だってできる。

　建築に限ったことではない。農業も食品加工も工芸も……ナンダッテカンダッ
テ、みんなでやると愉しい。だから、自給自足は自分独りでやるものではない。夫
婦二人だけでやるものでもない。夫婦仲がきっと悪くなる。自給自足はみんなで
愉しくやる。それがいいと僕は思う。

# ミツバチと暮らす

**#77**

## "エコ"というのはこういうことなのかもしれない

**ミツバチ(非電化工房)**:花から花粉と蜜を採取するミツバチ。ミツバチは白と黄色しか認識できないので、白と黄色の花を4~10月は絶やさないようにしている。

### 蜂蜜の自給率は低い

　日本の蜂蜜消費量は年間4万7千トンで、自給率は6%だ[*1]。輸入の割合が大きいので、蜂蜜1kg当たりの$CO_2$発生量は1.25kgと多い[*2]。しかし、日本人の蜂蜜消費量は1人1年で約380gに過ぎないので、$CO_2$排出量は1人1年当たり約470g[*1]。総排出量7,650kgの0.1%足らずだ。だから、$CO_2$を減らす……という意味では、本書でトピックスとして採り上げる意味は無い。

### ミツバチが減っている

　だが、ミツバチを採り上げたい。ミツバチが減っているからだ。ミツバチの減少

養蜂箱（非電化工房製）：蜜を垂れやすくし、垂れた蜜を外のガラス瓶に誘導する。一般の養蜂よりは採蜜量は少ない。

は人類を含めた動物の生存の危機につながる。なにしろ世界の主要農作物100種の内70種の受粉はミツバチに委ねられているのだから。

## ネオニコチノイド系農薬の空中散布が原因

　ミツバチ激減の原因はネオニコチノイド系農薬の空中散布であることには疑いの余地が無い。だからEUではネオニコチノイド系農薬を2013年から禁止にした。2000年から2010年の間に北半球のミツバチの4分の1が死滅するという事態を受けての当然の処置だ。当然のことが日本では行われない。一体どうしたことだろう。

## 自動採取式

　僕たちの自作の養蜂箱は、ハチミツ自動採取式だ。垂れ蜜が瓶に流れ込むようにする。自動化で生産性を高めようとしたのではない。逆に一般の養蜂に比

＊1　農林水産省website「養蜂をめぐる情勢（2019年）」
　　https：//www.maf.jp/j/chikusan/kikaku/lim/sonota/attach/pdf/
＊2 funajayhtyma社 website (https：//hunaja.fi/ja/)

べると生産性はかなり低い。自動採取式だから、養蜂箱から離れた所に置いた瓶に自動的に蜜が溜まる。ミツバチに刺される心配は無い。そもそもミツバチが人を刺そうとするのは、侵略や略奪に対する防御だ。自動採取式だと侵略も略奪もしないので、ミツバチは防御しようとしない。

## 人間は花を増やす

　自動採取式だと人間は暇だ。そこで、人間は花を絶やさないという仕事を受け持つ。ミツバチが好きなのは花粉と蜜がたっぷりの白と黄色の花だ。典型的なのはヒマワリだ。非電化工房ではオルレアが主役だ。非電化工房を春に訪れ

**オルレア（非電化工房）**：4月から6月にかけて長期間咲き続けてくれる。オルレアほどにミツバチが集まる花を僕たちは知らない。

た人はオルレアの多さとミツバチの多さに驚く。こういう花を4月から10月まで絶やさないようにしてあげる。

## ツバチは過重労働

　ミツバチは花粉と蜜を求めて遠くまで飛ぶ。1回の飛行距離は平均して片道2km、一日20〜30kmと言われているが、正式な統計データーではない。日本ミツバチの平均体重は約80mg。運ぶ蜜と花粉の重さは約40mgだそうだ。気が遠くなるような重労働だ。働き蜂の平均寿命は一か月程度だから、重労働は自分のためではなく、仲間のためだ。その重労働の成果を略奪するのは不憫だ。養蜂箱の周辺に花を絶やさないようにしてあげれば、ミツバチの労働を軽くしてあげられそうだ。必要な花の面積はオルレアの場合は1群あたり千㎡ほどだと思う。

## エコロジーの意味

　ミツバチにとっては、必要な時期に必要な花がそばに咲いているので過重労働にはならない。蜂蜜を奪われる心配もない。人間にとっては蜂に刺される心配はないし、花が咲き乱れていて愉しい。美味しい蜂蜜の分け前にあずかるのも嬉しい。植物にとっては、ミツバチがしっかりと受粉を司ってくれるし、水が足りなければ人間が補ってくれる。つまり、植物と昆虫と人間が共生する。「エコロジーというのは、つまりは、こういうことだったのか！」と改めて気づかされる。

## 蜂蜜トーストは絶品

　余談だが蜂蜜トーストは美味しい。バターをたっぷり塗った上から採りたて蜂蜜をたっぷり塗って、トースターでこんがり焼く。感動しない人は稀だ。多様性を愉しく実感できることは間違いない。

## 「$CO_2$を減らしさえすればいい」ということではない

　ミツバチの話は「娯楽」というカテゴリーには馴染にくいが、敢えて本書の掉尾に採り上げた。「$CO_2$を減らしさえすればいい」ということではなく、環境持続性と人間性を広く捉えて行動すべきであると再確認しておきたかったからだ。

# あとがき

　環境問題という義務感に満ちたテーマに更なる義務感を加えたくない。そうで
はなく、ときめいて、やらずにはいられない。やってみたら環境に良いことだった
……そういう本を書きたかった。少しはときめいていただけただろうか?

　CO2発生量が少なくても、ときめきそうなテーマは残した。CO2発生量が多
くても、ときめかないテーマは省いた。片付け名人のコンマリこと近藤麻理恵さ
んの流儀だ。「ミツバチと暮らす」も、ときめきそうだから残した。ハチミツの$CO_2$
発生量はトータルの0.1%以下と小さいのだけど、昆虫や花に優しいライフスタ
イルは、環境を守る行動につながると信じている。「二十四節気七十二候」も残
した。数字の上では$CO_2$はまったく減らない。でも、こういう「丁寧な暮らし」や
「自然の恵みで生きる感性」が地球を守る基本なのだと僕は思う。幸せ度もきっ
と上がるはずだ。

　大きいカラー写真を113枚も載せた。ときめいてほしかったからだ。でき上がっ
たゲラを見たら写真集みたいで嬉しくなった。本のタイトルを『非電化工房写真
集』に変えよう……と編集者に提案したら猛反対された。冗談で言ったのに。写
真を多くした分、作り方レシピは少なくなった。だから、実際に作ってみようとす
るとレシピ不足に気づくはずだ。ご勘弁願いたい。

　頭で考えただけの絵空事は一つも無い。本当に上手く動くか、本当に安く簡

単にできるか、そして本当に幸せ度が上がるか？……実際に確かめたことばかり
だ。とは言うものの、見栄えの良くない、つまりときめかないモノが10箇ほどあっ
た。下島匠君に10箇をトキメキアップしてもらった。匠君は非電化工房住み込
み弟子を経験した23歳の青年だ。修行したので何でもできる。センスも良い。ド
キュメンタリー作家志望だが、売れないので暇なのが僕には好都合だった。

　出版は、『月3万円ビジネス』など、何冊か一緒に仕事をして、文化度の高さを
敬愛している晶文社にお願いした。安藤聡さんには編集を、アジールの佐藤直
樹さん、菊地昌隆さん、カバーイラストの佐々木啓成さんには装丁をナイスに仕
上げていただいた。まとめて謝意を表したい。

　寄る年波にはとうに負けていて、青息吐息でゴールまで辿り着いた。妻の支え
が大きかった。女性の弟子たちは梅エキスとか不思議なキノコを持参して励まし
てくれた。非電化工房ファンが意外にたくさん存在して、この本の出版を心待ち
にしていてくださる。ありがたいことだ。辿り着けてよかった。

　もうしばらくは非電化工房を続けられそうなので、機会があったら非電化工
房を訪ねていただきたい。写真の風景やモノを直接に見て、直接にさわってとき
めいていただきたい。

ありきたりな一日を
かけがえのない一日にかえる、
丁寧に暮らすというのは　そういうことだと
このごろ　気づいた。


そして、


かけがえのない一日というのは、
小さなときめきがある一日のことだと


このごろ　気づいた。


2023年7月1日　那須町の非電化工房にて　　藤村靖之
非電化工房：www.hidenka.net/

## 著者について

### 藤村靖之(ふじむら・やすゆき)

1944年生まれ。大阪大学大学院基礎工学研究科物理系専攻博士課程修了、工学博士。非電化工房代表。日本大学工学部客員教授。自立共生塾主宰。科学技術庁長官賞、発明功労賞などを受賞。非電化製品(非電化冷蔵庫・非電化掃除機・非電化住宅など)の発明・開発を通してエネルギーに依存しすぎない社会システムやライフスタイルを国内で提唱。モンゴルやナイジェリアなどのアジア・アフリカ諸国にも、非電化製品を中心にした自立型・持続型の産業を提供している。著書に『新装版 月3万円ビジネス』『月3万円ビジネス100の実例』(晶文社)、『非電化思考のすすめ』(WAVE出版)、『テクテクノロジー革命』(辻信一との共著 大月書店)、『愉しい非電化』(洋泉社)、『自立力を磨く』(而立書房)などがある。
〈非電化工房〉http://www.hidenka.net

# 地球の冷やし方
## ぼくたちに愉しくできること

2023年11月10日　初版
2024年11月25日　4刷

著　者　藤村靖之
発行者　株式会社晶文社
　　　　東京都千代田区神田神保町1-11　〒101-0051
　　　　電話：03-3518-4940(代表)・4942(編集)
　　　　URL：https://www.shobunsha.co.jp
印刷・製本　大日本印刷株式会社

好評発売中

## 新装版 月3万円ビジネス　藤村靖之

非電化の冷蔵庫や除湿器、コーヒー焙煎器など、環境に負荷を与えないユニークな機器を発明する著者。いい発明は、社会性と事業性の両立を果たさねばならない。月3万円稼げる仕事の複業、地方で持続的に経済が循環する仕事づくり、「奪い合い」ではなく「分かち合い」など、真の豊かさを実現するための考え方とその実例を紹介。

## 月3万円ビジネス 100の実例　藤村靖之

「月3万円ビジネス」はたくさん有る。なにしろ月3万円しか稼げないから、競争から外れたところにある。仕事づくりは、仲間づくり！ 好きなこと、得意なこと、だれかが困っていること……みんな仕事にしてしまおう。自然の恵みで生きる、人と人を温かく繋ぐなど、カテゴリーに分けて100個の実例を紹介する、『月3万円ビジネス』の続編

## マイパブリックとグランドレベル　田中元子

グランドレベルは、パブリックとプライベートの交差点。そこが活性化すると、まちは面白く元気になる。欲しい「公共」は、マイパブリックの精神で自分でつくっちゃおう。1階づくりはまちづくり。あたらしい「まちづくり」のバイブルにして、「建築コミュニケーター」の新感覚まちづくり奮戦記。

## 1階革命　田中元子

1階が変われば、まちが変わる、ひとが変わる、世界が変わる！ 大好評だった『マイパブリックとグランドレベル』から5年、グランドレベルのコンセプトを実現した日本初の私設公民館「喫茶ランドリー」の成功を足掛かりに、まちの1階を活性化するヒントとアイデアを満載した、まちづくり革命の物語、完結編。

## 手づくりのアジール　青木真兵

市場原理やテクノロジーによる管理化に飲み込まれずまっとうに生きるためには、社会のなかでアジール（避難所）を確保することが必要。奈良の東吉野村で自宅兼・人文系私設図書館「ルチャ・リブロ」を主宰する著者が、志を同じくする若手研究者たちとの対話を通じて、「土着の知性」の可能性を考える土着人類学宣言！

## 撤退論　内田樹 編 〈犀の教室〉

少子化・人口減、気候変動、パンデミック……。国力が衰微し、手持ちの国民資源が目減りする現在において「撤退」は喫緊の論件。「子どもが生まれず、老人ばかりの国」で、人々がそれなりに豊かで幸福に暮らせるためにどういう制度を設計すべきか、「撤退する日本はどうあるべきか」について衆知を集めて論じるアンソロジー。

## フェミニスト・シティ　レスリー・カーン

なぜ、ベビーカーは交通機関に乗せづらいのか？ 暗い夜道を避け、遠回りして家に帰らなければならないのはどうしてか？ 女性が感じてきたこれらの困難は、男性中心の都市計画のせい。これからの都市はあらゆるジェンダーに向けて作られなければならない。フェミニズムを建築的に展開する画期的なテキスト。

# エネルギー消費の
# 半分以上を占める本丸

**非電化カフェ（非電化工房内）**：セルフビルドのストローベイルハウス（藁と土の家）。壁の厚さは60cm、屋根には杉の皮が貼られ、床下には60cmの厚さで籾殻が詰められている。窓は2重窓。床下の冷たい空気が室内に導入される。これらにより冷暖房不要の家を実現している。建築コストは約50万円。

## エネルギー消費の半分以上は暖房と給湯

　日本の家庭で消費されるエネルギーの27.8％は給湯用で、24.7％が暖房用だ。これに冷房用の2.7％を加えると、約55％になる[*1]。つまり、半分以上のエネルギーが暖房・給湯・冷房に使われている。一世帯当たり年間のエネルギー消費量は約18MJ（メガジュール）。一世帯当たり年間20万円ほどの家計費が暖房・給湯・冷房に費やされている。温室効果ガス排出量に換算すると、一人一年当たり4,200kgになる。